经济学学术前沿书系
ACADEMIC FRONTIER
ECONOMICS BOOK SERIES

经济伦理学与经济高质量发展的关联性研究

牛文浩◎著

经济日报出版社
北京

图书在版编目（CIP）数据

经济伦理学与经济高质量发展的关联性研究 / 牛文浩著. —北京：经济日报出版社，2024.5

ISBN 978-7-5196-1417-1

Ⅰ.①经… Ⅱ.①牛… Ⅲ.①经济伦理学－关系－经济发展—研究 Ⅳ.① B82-053 ② F061.3

中国版本图书馆 CIP 数据核字（2023）第 256542 号

经济伦理学与经济高质量发展的关联性研究
JINGJI LUNLIXUE YU JINGJI GAOZHILIANG FAZHAN DE GUANLIANXING YANJIU

牛文浩　著

出　　版：	经济日报出版社
地　　址：	北京市西城区白纸坊东街 2 号院 6 号楼 710（邮编 100054）
经　　销：	全国新华书店
印　　刷：	北京建宏印刷有限公司
开　　本：	710mm×1000mm　1/16
印　　张：	11.25
字　　数：	165 千字
版　　次：	2024 年 5 月第 1 版
印　　次：	2024 年 5 月第 1 次
定　　价：	58.00 元

本社网址：edpbook.com.cn　　微信公众号：经济日报出版社
未经许可，不得以任何方式复制或抄袭本书的部分或全部内容，版权所有，侵权必究。
举报电话：010-63567684
本书如有印装质量问题，请与本社总编室联系，联系电话：010-63567684

前　言

当前，我国经济已由高速增长阶段转向高质量发展阶段，正处在转变发展方式、优化经济结构、转换增长动力的攻关期。在此阶段，就是要满足人民日益增长的美好生活需要，就是要贯彻新发展理念。事实上，改革开放以来我国经济保持了数十年的持续增长，主要依靠各类要素的大量投入。近年来，支撑粗放式经济增长的条件已经逐渐发生变化。一方面，改革开放以来，我国生产潜力得到最大限度的激发并迅速走上了生产扩张的道路；另一方面，近年来居民的需求结构发生了深刻变化，人民群众的需求呈现出个性化、多元化趋势。对此，要从供给侧结构性改革入手，以完整产业体系为基础，以差异化、智能化、网络化为主要发展方向，以创新为主要抓手，不断提升品牌影响力，推动产品的质量和附加值大幅度提升。

经济高质量发展阶段要求初次分配体现效率，各类要素按贡献参与分配，实现投资有回报、企业有利润、员工有收入、政府有税收。通过科技创新逐渐提高科技贡献率、资本产出率以及劳动生产率，最终使全要素生产率得到提高。在可预见的未来，要紧紧抓住互联网与信息技术融合发展带给人们生产生活方式智能化与数字化的便利优势，推动经济发展方式转变；政府要发挥收入分配调节的核心作用，通过规范收入分配秩序来调节高收入，保证中低群体的合法性收入，把收入差距控制在一定范围内，防止出现严重的两极分化，保证基本公共服务的数量、质量以及均等化率能够稳步提高，全体人民逐步走上共同富裕的道路。

经济高质量发展要求进一步提高开放型经济水平。推进基础设施互联互通，推进产业合作和服务贸易合作，建立自由贸易区网络。

我国长期以来粗放型经济增长方式给生态环境带来了巨大的压力，成为制约经济社会可持续发展的主要约束之一。在经济高质量发展阶段，要彻底扭转高投入、高消耗、高污染的粗放式发展方式，从根本上改善生态环境，实现有效益、有质量、可持续的发展。

从经济伦理视角对经济高质量发展进行研究为我们提供新的思路，以价值规范为切入点审视经济高质量发展引领我们拓宽视野，更好地从思维原点出发探寻经济高质量发展的有效路径对实现中国式现代化的借鉴意义和参考价值。

目 录

第一章 引 言 /1
    第一节 经济伦理学研究综述 /1
    第二节 西方经济伦理学研究综述 /5
    第三节 经济高质量发展研究综述 /8
    第四节 结论 /13

第二章 本书相关研究领域与背景简介 /15

第三章 经济伦理学研究 /25
    第一节 经济伦理学概念辨析 /25
    第二节 经济伦理学产生的社会历史背景 /29
    第三节 经济伦理学研究范畴 /33

第四章 西方经济伦理思想 /57
    第一节 亚当·斯密与大卫·李嘉图经济伦理思想 /57
    第二节 米尔顿·弗里德曼经济伦理思想 /65
    第三节 西斯蒙第的人本主义经济伦理 /66
    第四节 西尼尔与巴斯夏经济伦理思想 /69
    第五节 马歇尔经济伦理思想 /72
    第六节 凯恩斯经济伦理思想 /73
    第七节 施穆勒经济伦理思想 /75
    第八节 马克斯·韦伯新教经济伦理思想 /76
    第九节 穆勒的折中主义经济伦理思想 /79

第五章　中国传统经济伦理思想　/83

第一节　中国传统经济伦理思想概述　/83

第二节　中国古代经济伦理思想的发展阶段　/85

第三节　中国古代经济伦理思想的特征　/86

第四节　儒家经济伦理思想的主要内容　/88

第五节　儒家经济伦理思想的发展　/110

第六章　推动经济高质量发展的基础条件　/119

第一节　转向经济高质量发展的背景　/119

第二节　新一轮科技产业革命为经济高质量发展提供机遇　/120

第七章　新发展理念助推经济高质量发展　/123

第一节　顺应时代潮流、反映发展规律的科学指引　/123

第二节　丰富和发展了发展观　/126

第三节　坚持用新发展理念引领发展全局　/129

第八章　经济高质量发展的基本内涵和面临的主要问题　/135

第一节　基本内涵与基本特征　/135

第二节　面临的主要问题　/137

第九章　经济高质量发展的经济伦理意蕴之一——效率　/141

第一节　西方经济学视域中的效率　/141

第二节　经济伦理学的效率概念　/144

第三节　经济伦理与高质量发展　/145

第十章　经济高质量发展的经济伦理意蕴之二——公正　/151

结　语　/159

参考文献　/161

后　记　/171

第一章 引 言

第一节 经济伦理学研究综述

经济社会的迅速发展尤其是社会转型（如农业时代向工业时代转型、工业时代向后工业时代转型）过程中会产生诸多经济伦理问题，基于牟利目的的非法行为、不道德行为、破坏生态环境行为等在经济活动中屡见不鲜，这与现代法治经济、可持续发展的要求格格不入。因此，这不仅是西方进行社会治理的重要内容，也是学术界研究的重要方向。近年来，国外经济伦理学代表性研究成果主要有：P. 普拉利的《商业伦理》（中信出版社，1999）、罗伯特·F. 哈特利的《商业伦理》（中信出版社，2000）、彼得·科斯洛夫斯基的《经济秩序理论和伦理学》（中国社会科学出版社，1997）、阿马蒂亚·森的《伦理学与经济学》（商务印书馆，2000）等。在我国，计划经济向市场经济转型的过程中，同样出现了市场行为亟待规范等问题。学者们面对这些问题，各自从道德理念、体制机制、法律法规等途径探寻解决之道，产出了一大批研究成果，重要论著有：《儒家经济伦理》（张鸿翼，1989）、《经济学的伦理问题》（厉以宁，1995）、《管理伦理》（苏勇，1997）、《经济伦理的嬗变与适应》（叶敦平等，1998）、《经济活动伦理研究》（刘光明，1999）、《经济伦理研究》（王锐生，1999）、《功利、奉献、生态、文化——

现代经济伦理导论》（陈泽环，1999）、《走出丛林》（陆晓禾，1999）、《道德之维——现代经济伦理导论》（万俊人，2000）、《经济伦理论——马克思主义经济伦理思想研究》（章海山，2001）、《发展中国经济伦理》（陆晓禾、乔治·恩德勒，2003）等。

近年来，虽然经济伦理学研究取得了可观的成果，但是在涉及学科发展的许多重大甚至关键问题上，学者们的看法仍不尽相同，甚至截然相反。因此，认真审视我国经济伦理学研究中尚有争议的重大问题，是此领域研究中不可或缺的重要步骤。这其中最重要的一个问题就是探讨经济伦理学是什么。就国内目前的研究状况来看，对此问题还没有一个统一的认识，原因在于基于不同的学科审视，各学科对此问题的看法也不尽相同。具体而言：

第一，伦理学视野中的经济伦理学。应该说，对经济伦理学关注最早、关注最多的是伦理学，代表性的观点主要有：其一，经济伦理学是研究经济领域中道德发展规律和道德社会功用的一门交叉学科。其二，经济伦理学有广义和狭义之分。狭义的经济伦理学即企业伦理学，而广义的经济伦理学是一门研究经济制度、经济政策、经济决策、经济行为的伦理合理的学科；是一门研究经济活动中的组织和个人的伦理规范的学科。其三，经济伦理学的基本问题是经济价值与伦理价值、标准、要求的关系问题，这决定了它的基本任务是发现并找到伦理学与经济学两者的结合点与重叠点，以及解决两者冲突的基础和原则。"这些问题并不以经济合理性为满足，而是进而追究经济存在、经济行为等是否具有伦理合理性。"其四，经济伦理学是研究人们在社会经济活动中完善人生和协调各种利益关系的道德原则和规范的科学，它的本质在于使人们明确善恶价值取向。其五，经济伦理学是以经济社会生活中的道德行为为研究对象，揭示经济活动中道德的形成、发展以及发挥作用的规律，为个人和社会的经济行为确立道德价值准则和道德理想的科学。其六，经济伦理学"本质上是一门应用性和综合性的伦理学，以及经济伦理为研究对象，探讨经济伦理学或道德经济学，以经济活动和经济现象中的道理的生成及其发展规律的科学：经济伦理学区别于伦理经济学，其伦理学的性质更为显著和根本。伦理经济学或道德经济学则主要是一门经济学，伦理道德是对其经济的限定，只不过它所研究的经济不是一般的经济而是伦理经济或道德经济。如果说经济伦理学研究经济生活中的伦理问题，那么伦理经济学研究的则是伦理生活中的经济问题"。其七，经济伦理是指人们在经济活动中的伦理精神或伦理气质，或者说是人们从道德角度对经济活动的根本性看法。基于此，"经济伦理学则是这种精神、气质和看法的理论化形态，或者说是从道德角度对经济活动的系统理论研究和规范"。

第二，管理学视野中的经济伦理学。有学者把"business ethics"译为"管理伦理学"，他们认为，经济伦理学是在工商管理领域内发展起来的，在大学的工商管理学院或商学院开设的一门管理课程。因此，"它的研究对象是经济管理活动和经济管理领域中的行为规范或制度。目的是为了更好地进行管理"。一个明显的事实是，管理学视野中的经济伦理问题主要侧重的是企业伦理研究。同时，自20世纪80年代末以来，几乎所有的管理学教科书都辟有专章，讨论"企业社会责任和企业伦理（或管理伦理）"是研究经济运行过程中的道德价值体系。

第三，经济学视野中的经济伦理学。一些经济学家认为经济发展伦理化是超越政府和市场的重要力量，但更多关注的是经济制度，是经济制度下人们对于经济利益谋取方式和谋取行为对经济伦理的影响。"简单地说，经济道德的核心是约束。"张维迎教授则"坚信""产权是社会道德的基础""许多看似道德的问题，实际上可以从产权制度上找到答案"。

对一门独立学科研究对象的定位，只有用全面的、联系的、发展的观点去分析才可能贴近学科本身，才可能得出科学的结论。我们必须对经济伦理学与经济伦理规范体系、经济伦理学与经济伦理思想、经济伦理学与经济哲学的联系与区别进行研究，以帮助我们更准确地界定经济伦理学的学科含义。

第一，要把经济伦理学与经济伦理规范区分开。经济伦理规范主要是指与经济有关的活动中的伦理"应当"，包括经济制度和经济政策、经济决策中的伦理基点、经济活动各个环节中应当遵守的伦理规范等。例如，质量第一、平等交换、公平竞争、诚实守信、可持续发展观等，而由各种经济伦理规范可组成经济伦理规范体系。这都与经济伦理学密切相关，但却并不等于经济伦理学本身。经济伦理学要把经济伦理规范作为重要研究对象之一，以揭示经济伦理规范的产生、变化及其规律。除此以外，还包括经济与伦理的关系、经济领域的道德活动等，这些都不属于经济伦理规范涵盖的范围。

第二，要把经济伦理学与经济伦理思想区分开。经济伦理思想和人类的文明史、文化史一样悠久。中国古代的儒家思想家，如孔子、孟子，早在春秋战国时期就对经济与伦理的关系；义利问题；生产、分配、交换、消费行为中的伦理道德问题等作了深刻的阐述，如见利思义、见得思义、公平交易、童叟无欺等。这些思想在西方国家出现得也较早，在古希腊时期，亚里士多德对于如何对待财富的思想一直延续至今。欧洲中世纪的经院哲学家、伦理学家在"黑暗的时代"对买卖交易中的欺骗、经商和高利贷的道德评价等方面阐述了他们自己的观点。近代以来，亚当·斯密在《国民财富的性质和原因的研究》和《道德情操论》中提出了许多重要的经济伦理思想，而且这似乎成了一个传统，即西方著名的经济学家在阐述其经济学思想时，几乎都会谈论经济伦理思想。但是，经济伦理思想与作为一门学科的经济伦理学还是有本质区别的，孔子有经济伦理思想，但孔子并未建立经济伦理学；亚当·斯密的《国民财富的性质和原因的研究》和《道德情操论》也不是经济伦理学的教科书。经济伦理学的学科体系是在前人的经济伦理思想的基础上建立起来的，是对经济领域中表现出来的道德现象体系化、规律化的认识。

第三，要把经济伦理学与经济哲学区分开来。人们对经济哲学有不同的界定，一种观点认为经济哲学就是政治经济学，另一种观点认为经济哲学以经济理论的前提和基本概念本身为研究对象，再一种观点认为经济哲学以社会的经济系统为研究对象。无论人们对经济哲学的具体研究对象持什么不同的看法，但有一个前提却是相同的，这就是都把经济关系或经济活动中的哲学问题作为自己的研究对象，包括思维和存在的关系问题、社会经济系统的运行及其规律问题、经济发展与人的发展的关系问题等。尽管在这些问题中也必然包括许多伦理道德问题，但人们对这些问题仍然首先是以哲学的眼光而不是以伦理的眼光来加以评判的。经济哲学的视野较之伦理学的视野要更加宏观，不是局限于具体的道德现象，而是要研究整个经济活动的一般规律。经济哲学可能对所涉及的现象作价值评价，也可能不作价值评价，而且这种价值评价并不都是道德价值评价，而经济伦理学则一定要对所涉及的现象作出价值评价，并且一定是道德价值评价。

第二节　西方经济伦理学研究综述

在西方，早在亚里士多德的《尼各马可伦理学》，尤其是其《家政学》等作品中，便有丰富的关于如何处理人在经济生活中的道德伦理问题的系统论述。而且，这一经济伦理探究的传统，一直是西方道德文化和西方伦理学的重要组成部分。近300年从催生市场经济制度到基本定型的历史进程中，自英国伦理学家、经济学家亚当·斯密提出"经济人"和"道德人"问题之后，西方学者尤其是经济学家对经济伦理问题的探讨更是乐此不疲。不少专家学者重点从古典经济学、新古典经济学、凯恩斯主义到新古典宏观经济学，对西方不同时期各种流派的代表人物，如威廉·配第、亚当·斯密、大卫·李嘉图、马尔萨斯、马克斯·韦伯、凡勃伦、马歇尔、阿马蒂亚·森、铃木正三等的经济伦理思想进行了梳理、归纳和提炼。如黄云明的《试论犹太教的经济伦理思想》(《河北大学学报（哲学社会科学版）》1999年第1期)、乔洪武的《论马歇尔的经济伦理思想》《凯恩斯的经济伦理思想及其特点》(《经济评论》1999年第3期及2001年第1期)和龙秀清的《教会经济伦理与资本主义兴起》(《世界历史》2001年第1期)等，这些探讨拓宽了经济伦理的研究领域，为构建中国特色经济伦理学提供了一个重要的参照。需要说明的是，在对西方经济伦理思想的研究中，一些学者开始从更为广阔的视野对中国与西方经济伦理思想进行比较研究，如乔洪武、龙静云的《比较经济伦理学初探》（《江汉论坛》1993年第4期）和李路曲等的《东西方经济伦理的比较分析》（《晋阳学刊》1996年第5期）等。当前，对西方经济伦理学研究分属四个层次。

一是制度或社会层次，又称宏观层次。它包括经济制度、经济条件、经济秩序、经济以及社会政策等方面的伦理问题，如社会保障究竟是谁的责任？政府、公司、个人应如何分担？在这个层次上，通常还研究对市场经济、混合经济制度等的道德评价问题。由于这些问题与经济学、哲学和社会学关系密切，因而A.麦金太尔、M.桑德尔、R.罗蒂和J.罗尔斯等多名学者对这个层次的研究影响甚大。

二是经济组织或公司层次，又称中观层次。它包括各种经济组织，如公司、厂家、商店以及各种贸易联盟、消费者组织、职业联合会等之间的伦理关系问题。例如，如何处理同贸易伙伴、竞争对手的关系？这个层次上的问题占经济伦理学文献中的大部分，而且大多孤立地加以研究。

三是个人层次，又称管理或微观层次。在此层次上，研究公司同公司内外部的个人以及这些个人之间的伦理关系问题。这些个人包括雇员、上司、股东、投资者、消费者、供应商等。例如，是否应当满足消费者的一切要求，包括不合理的要求？公司是否有责任使消费者正当地使用其产品？雇主与雇员是否有超出合同规定的伦理责任？还有劳动条件、劳动待遇等问题。

四是国际层次。这个层次上研究国家商务活动中的伦理问题和伦理责任。例如，应如何对待客国与母国的伦理规范、道德标准的差异问题？入乡随俗对不对？

近年来关于这些问题的研究大量涌现。目前有些学者把这四个层次上的经济伦理问题又分别冠以制度伦理学、公司伦理学、管理伦理学和国际商务伦理学的称谓，似有成为经济伦理学分支的趋势。由于国际商务伦理学研究的是跨国公司所碰到的经济伦理问题，因此，在一些讨论中又将它放在中观层次上进行。不仅如此，由于这些层次上的问题之间有着重要关联，因而经济伦理学还包括这些层次之间的关系问题。例如，应当以谁的利益并且为谁的效益来管理公司？这个问题不仅是公司伦理学、制度伦理学或管理伦理学问题，如果公司是跨国公司，它还是国际商务伦理学问题。

关于基本框架和方法。作为一门学科，乔治·恩德勒、汤姆·索雷尔和约翰·亨德里提供了两种基本方法和研究框架。

一是乔治·恩德勒的经济伦理学。概要说来有四点：首先，经济伦理学的目的是"新实践"，所谓"新实践"，即改进了伦理质量的经济实践。由于人们的决策或行动过程包含了伦理因素在内，因此通过恰当地考虑和处理伦理因素，就能改进决策和行动的伦理质量。其次，由于行为者所处的决策或行动层次不同，他所负有的伦理责任也不同。区分的目的是要了解各自行动的"自由空间"及其限制，以便认识、理解、承担他的伦理责任。再次，处于不同行动层次上的人在实践中会碰到各种伦理问题，经济伦理学要对此作经济学、伦理学的交叉学科的理论分析，阐明前景，提供解决方案。最后，各行动层次都受相应的道德价值和规范指导。在当今道德危机和多元论事实面前，不应片面建立一厢情愿的伦理宪章，而可采用 J. 罗尔斯寻找"交迭共识"的办法，努力寻找得到各种文化传统支持的各层次上的最低交迭共识，使各行动层次上合作和交往有共同的道德基础。总之，恩德勒的经济伦理学框架和方法都服从一个目的，即帮助人们。识别其伦理责任，找到解决经济伦理问题的办法，改进其实践的伦理质量。

二是英国经济伦理学家汤姆·索雷尔和约翰·亨德里提供的另一种框架和方法。主要有三点：首先，从方法上看，经济伦理学有两种研究方法：本质法和概要法。前者研究所有工商企业或市场经济的一般道德特征，如工商企业的本质道德特征；后者则汇总各种经济活动的特征和道德风险。他们采取后一种方法，考察主要的伦理问题，提供可操作的解决方法。其次，经济伦理规范应由具体的道德准则、经济规则和实践做法形成，即不是用一般伦理去规范经济，而是要考虑影响一般道德见解的各种文化因素，如宗教、法律、政治等，从行之有效的准则、规则中形成经济伦理学的规范和原则。最后，道德困境总是具体的，因此，研究者不仅要注重具体的道德准则、经济规则的作用，而且应求助于哲学，因为后者不仅包括道德理论，还提供思考方法和论证手段。概而言之，汤姆·索雷尔和约翰·亨德里的经济伦理学框架和方法是一种规范经济伦理学，它使人们能概要地了解、认识主要的经济伦理问题及相应的经济伦理规范状况，运用各种手段，尤其是哲学分析方法和道德推理，帮助人们具体解决他们所面临的经济伦理问题。

第三节 经济高质量发展研究综述

一、经济高质量发展的内涵研究

高质量发展是经济发展的有效性、充分性、协调性、创新性、分享性和稳定性的综合，是不断提高全要素生产率，实现经济内生性、生态性和可持续性的有机发展，是以改革开放精神为支撑，以"创新+绿色"作为经济增长新动力的发展，是经济发展质量的高级状态，是中国经济发展的升级版（任保平，2018；周振华，2018）。与高速度增长的含义不同，高质量发展意味着经济发展不再简单追求量的扩张，而是量质齐升，以质取胜，反映的是经济增长的优劣程度，是量与质相协调的演进发展（赵华林，2018；任保平，2012；任保平、李禹墨，2018）。因此，经济高质量发展是数量扩张和质量提高的统一。

高质量发展就是能够很好地满足人民在经济、政治、文化、社会、生态等方面日益增长的美好生活需要的发展，包括人与人、人与自然、人与社区、国民经济管理以及政治生活等社会经济生活全过程的发展（杨伟民，2017）。高质量发展要全面体现创新、协调、绿色、开放、共享新发展理念的发展（林兆木，2018）。高质量发展即从规模的"量"到结构的"质"，从"有没有"到"好不好"，完成传统经济向新经济的"两个转变"；不仅要重视量的增长,更要重视结构的优化;不仅要重视经济的增长,更要重视环境的保护、社会文明的提升,以及社会治理的完善等,更加强调经济、政治、社会、文化、生态五位一体的全面发展和进步(刘迎秋,2018)。

在经济学理论看来,高质量发展主要是指产品和服务的质量,指产品高质量为主导的生产发展(王一鸣,2018)。高质量发展主要指产业和区域发展质量,体现为形成实体经济、科技创新、现代金融、人力资源相互促进、协同发展的产业体系,体现为区域经济发展的协同性、整体性、包容性和开放性(刘迎秋,2018)。高质量发展主要指国民经济整体质量和效率,通常可以用全要素生产率来衡量,体现为三次产业结构的高端化、技术结构的升级化、资源能耗使用的递减性和劳动力结构的适应性(胡敏,2018)。

总之,高质量发展意味着高质量的供给、高质量的需求、高质量的配置、高质量的投入产出、高质量的收入分配和高质量的经济循环(李伟,2018)。经济新常态下高质量发展必然要体现出满足日益升级的消费需求和供给质量的趋势,必然要提高资源配置效率,实现更加合理有序的经济循环过程,保证国民经济持续健康发展。

二、经济高质量发展的问题研究

我国经济正迈向高质量发展,经济从高速度发展全面转向高质量发展任重道远,当前阶段还面临一系列亟待解决的问题,主要表现在以下几个方面。

第一,产业结构有待升级。一方面,传统制造业在更大程度上满足了国家及人民群众的总体需求。但我国一些制造业产品的质量档次、安全标准等还不够高,以生产中低端产品为主(张军扩,2018)。另一方面,服务业质量有待提高。目前我国服务业增加值在 GDP 中的比重已经超过了 50%,成为经济的主体。但与制造业类似,服务业存在的主要问题也是规模大但质量层次有待提高。以生活性服务业为例,近年来随着我国发展水平的提高,在旅游、休闲、观光、文化、体育等方面的需求越来越大，但由于这些领域在服务质量、安全标准等方面良莠不齐，个别问题突出，不仅打击国内消费者的信心，使得一些消费需求转向国外，也对我国相关产业领域的国际形象造成不良影响。生产性服务业的情况也基本类似。金融保险服务、电信数据服务、会计审计服务等也存在质量不高的问题，不仅限制了自身的发展，对其他领域的转型升级也形成制约（张军扩，2018）。

第二，创新能力有待提高。技术创新面临"瓶颈期"的挑战，目前技术引进多于创新，基础性原创不足（刘迎秋，2018）。实体经济高质量发展缺乏科技创新的有力支撑，导致产能过剩和有效供给不足并存。实体经济高质量发展仍面临高水平人才短缺、人才培养机制不畅、配置结构不合理、工匠精神相对欠缺等问题的制约（赵昌文，2017）。缺乏自主创新能力、创新产品稀缺是某些行业沦为跨国公司廉价代工的最直接原因。在技术领域，某些企业成为外国技术模仿者，产业创新水平较低，在科技项目技术开发方面缺乏超前性。这种模仿创新模式虽然具有低投入、低风险、市场适应性强的优势，但也使得企业受到出让技术的发达国家的技术控制、技术壁垒和市场壁垒的制约，处在不利的被动境地（郭熙保、文礼朋，2008）。

第三，局部地区生态环境问题仍然突出。好的生态环境和人居环境，不仅是美好生活的基本要求，也是现代化的重要内容。经过多年来的努力，我国在这方面已经取得了一些成效，但局部地区生态环境、人居环境的短板依然突出，处理好经济社会发展与环境质量提升的关系仍然是今后需要努力的领域（张军扩，2018）。

三、经济高质量发展的路径研究

作为引领经济高质量发展的第一动力，"创新"是现代化经济体系建立与完善的战略支撑。实施创新驱动发展战略将助推经济高质量发展进而构建现代化经济体系。总的来说，实现高质量发展，以科学把握高质量发展的内涵为基本前提，以贯彻新发展理念为引领，以供给侧结构性改革为主线，以构建协同发展的产业体系为生产力基础，以推动国家治理体系和治理能力现代化为长效机制，以建立高质量发展配套政策体系为重要保障，抓住建设现代化经济体系这一战略目标，贯彻质量第一、效益优先原则，着力构建市场机制有效、微观主体有活力、宏观调控有度的经济体制，推动我国经济在实现高质量发展上不断取得新进展（赵昌文，2017；贾华强，2018）。由高速增长阶段转向高质量发展阶段，其实质是发展方式的转变，不仅涉及产品、服务、设施、环境等多方面的质量提升，也涉及理念、文化、体制、政策等多方面的措施保障和协力配合，可以说是一项复杂的系统工程（李伟，2018）。对此，学者们从以下几方面提出政策建议。

第一，以市场化改革推动经济高质量发展。在经济学意义上，促进经济增长的要素有五个方面，即劳动力、土地和自然资源、资本、科技成果、制度，随着互联网经济的发展，"数据"也正在成为新的生产要素，必须使市场在资源配置上发挥决定性作用。目前，在涉及企业生产经营各个层面上的要素在定价、配置、流动等方面，还不同程度地存在一些体制机制障碍，必须通过全面深化改革，确立竞争政策的基础性地位，破除要素自由流动、优化配置的天花板和形形色色的壁垒，进一步打破行政性垄断，防止市场垄断，打开经济增长新的成长空间（王一鸣，2018；冯俏彬，2018）。继续深化利率市场化改革，破除国有商业银行为主导的垄断性金融体系，进而恢复和强化市场机制在资本市场的决定性作用（樊纲等，2011；白俊红、卞元超，2016）。政府应当积极鼓励和扶持私有部门发展，减少对竞争性行业的垄断和干预，鼓励民营企业进入关键性垄断行业，以促进效率提高，加强对垄断性行业的公众监管，继续推进资源税和国有企业红利分配制度的改革（张义博、付明卫，2011；孙健、周浩，2003）。在市场化改革中转换政府职能，着力重塑政府和市场的关系，以壮士断腕的勇气深化刀刃向内的"放管服"改革，解除国企发展的制度障碍（刘颜、杨德才，2016；张旭，2014）。

第二，加大产权保护力度。健全的产权保护制度，包括知识产权保护制度，是促进高质量发展的根本性保障（金碚，2018）。无论是从理论上还是从实践上看，市场经济都是法治经济，必须建立在产权明晰、合约得到有效执行和保护的基础之上（冯俏彬，2018）。要有效地保护各类市场主体的产权，尤其是要保护创新主体的知识产权，形成公平有序的知识创新环境。特别是进一步优化民营经济发展环境，保证各种所有制法人依法平等地参与市场竞争。完善产权保护制度，推动投资自由化和贸易便利化，搭建政府公共服务平台，全面营造尊重知识创新、尊崇价值创造和服务市场主体的营商环境（程虹，2018）。政府应该积极投入并广开渠道为产学研合作提供多形式、多层次的资金支持，组织企业与有较强研发能力的高校、科研机构建立长期的战略合作关系，加快建设产学研结合平台建设，形成"科研—转化—效益—科研"的科研产业链（申纪云，2010；孟令权，2012）。

第三，更好地发挥政府作用。要进一步转变政府职能，减少对经济活动特别是产业升级方向、方式以及产业优胜劣汰与重组等的直接干预。转向高质量发展阶段，经济增长更多依靠创新，技术进步和产业发展方向会面临更大的不确定性。政府过多直接干预，不仅会扭曲市场信号，降低市场效率，也会造成新的损失，积累新的风险（张军扩，2018）。政府的作用，要更多转向功能型社会性支持政策，积极加强宏观调控、市场监管、公共服务和社会管理等政府职能，以优化市场环境、释放经济社会活力（冯俏彬，2018）。继续深化收入分配体制改革，通过税收和转移支付等财政政策工具令国民收入在不同人群和地区间进行二次分配来缩小收入差距，提高低收入者的收入，减少低收入群体比重，增加针对特殊人群和弱势群体的福利项目（李实，2018；何辉、樊丽卓，2016）。

第四，加快构建创新的体制机制。科学发现、技术发明和产业创新是实现高质量发展的关键动因，只有创新驱动的经济才能实现持续的高质量发展。以有效的体制机制来保障和促进科研成果的产生和产业化，这是实现高质量发展的一个关键性体制机制改革要务（金碚，2018）。建立科技成果的产权激励制度，探索赋予科研人员科技成果所有权和长期使用权；完善创新成果向企业的转移机制，强化知识产权的创造、保护和运用等（王一鸣，2018）。调整科技创新的投入结构，将各类创新项目向企业主体配置；提高科研经费中对科技创新人员的报酬，激励其创新动能；要鼓励高校、科研单位研究人员创办科技成果转化企业，并在其绩效考核中充分体现科技成果转化的贡献；大力加强技能型人才的培养，在大力培育一大批在生产一线具有创新能力的高级技工的基础上，对优秀技能型人才给予更大的支持力度；制订高端管理人才引进计划，积极引进各类管理人才，将高级管理人员纳入人才引进专项，重点是要对中小型企业的管理人才引进给予补贴，以提升企业资源配置能力（程虹，2018）。

第五，不断扩大对外开放。开放是国家繁荣发展的必由之路，我们要进一步扩大开放，提升国际竞争力，加强与国际通行经贸规则对接，大幅度放宽市场准入，全面放开一般制造业，放宽服务业外资准入限制，改善外商企业营商环境，推动对外开放迈出更大步伐（王一鸣，2018）。努力突破西方发达国家对我国关键设备、先进技术的限制与封锁，敦促美、欧等发达国家放宽对我国高新技术出口限制；同时也要大力推动和鼓励国内企业的消化吸收，大力开展自主创新活动，逐步实现高技术产品的进口替代（魏浩等，2016；涂远芬，2011）。在吸收技术溢出的同时，加大企业研发力度和人力资本投入，增强本土企业原始创新能力，提升产品竞争力。同时应当建立面对企业的正向激励机制和反向惩罚机制，以出口质量安全示范区和模范企业为榜样，充分发挥示范引领作用，加大对诚信企业的政策倾斜（施炳展等，2013）。

第四节 结论

通过研究文献综述，笔者认为自我国经济转向高质量发展阶段后，学界对此问题的关注逐渐加大，但文献仍旧较少，研究角度较为单一。高质量发展是一个新的具有鲜明时代特征的重大课题，目前对其内涵、意义的研究较多，而对总体思路及实现路径等方面仍未达成共识，这为创新研究提供了更充足的发挥空间。需要指出的是，在多角度研究此问题层面，研究成果较少，这也成为本书写作的重要立意所在。学界未来可以从以下几个方面展开重点研究。

一是继续加大对经济高质量发展的内涵研究。学界要从宏观到微观，从质量变革到动力变革等多个维度不断阐释经济高质量发展的内涵。

二是加大对评价指标体系的研究力度。要全面考察经济高质量发展的动态性和复杂性，努力构建具有可操作性的科学的评价指标体系。

三是深入研究影响经济高质量发展的矛盾与问题。通过挖掘史料及最新数据进行纵向和横向对比研究，揭示制约我国经济高质量发展的突出矛盾。

四是关于经济高质量发展思路及路径研究。要研究具体政策体系、考核体系等。

五是加大从多角度阐释经济高质量发展的研究力度。

总之，经济高质量发展是当前和今后相当长时期的研究重点，这一宏伟目标的实现，需要多角度的协同创新及相应的政策框架体系支撑。

第二章 本书相关研究领域与背景简介

一、市场缺陷理论

作为资源配置的基础性手段，市场经济在很大程度上具有优越性。它是一种能够将各种机制有机结合在一起的复杂系统。它以分工和社会化生产为基础，最基本的功能在于"联系"与"开放"。实践证明，市场经济愈发达，这种经济联系愈普遍、愈密切。除此以外，市场经济还具有多个优势：一是核算机制，即在经济活动中，对市场参与者所进行的交易和合作行为进行核算和分配的系列制度。一方面，竞争和供求关系会使市场价位发生变化。核算机制可以对价格进行计算和确定，从而为市场参与者提供准确信息；另一方面，核算机制可以根据供需将市场资源分配至最具效率之处。此外，核算机制还可以对市场参与者的交易行为进行监管，保障市场交易公平、公正。二是激励机制，即各类市场主体受到经济利益导向作用而产生的相应的制度设计。经济利益与经济主体的有机结合使得投入与产出呈正比关系，激励市场参与者规范参与市场活动。三是竞争机制。作为一种市场关系，竞争在市场中处于基础地位，对于每个企业来说，竞争既存在来自外部的压力，也会形成内部变革的动力，促使企业通过采用先进技术、更新设备、改善工艺和管理等方法来提高产品质量、改善服务、赢得市场。四是联动机制。不断扩大的各类市场需求，使得市场经济逐渐发展成为扩大再生产型的庞大经济体系，这对于促进技术进步起到了重要作用，而后又推动市场经济更为成熟。

五是资源配置机制。资源配置机制是所有经济机制的核心，就是结合了价值规律与供求规律，以价格信号为主要手段，寻求各类要素的有效组合，形成更有效率的生产、流通、消费、分配的配置结构，这能够"促使企业小循环和社会经济大循环之间实现优化组合，高效节约，财富日增，生产力特别是科学技术加速地更新换代"。①然而，市场经济在表现诸多优势的同时也存在着市场失灵的状况，市场缺陷理论就全面地揭示了其不足。

第一，市场不能维持国民经济平衡与协调。市场经济均衡是一种事后调节，是一种各自独立决策而实现的均衡，具有自发性与盲目性，这必然产生周期性的经济波动和经济总量的失衡。也就是说，在市场经济中常出现个人理性却导致集体非理性行为。如发生通货膨胀，个人会理性地做出抉择增加支出购买商品，这样会衍生集体非理性选择，维持乃至加剧通货膨胀；同理，经济萧条时，个人的理性抉择是减少支出，进而导致集体的非理性行为，加剧经济萧条。此外，资本受到利益最大化的指引，会将资金引向周期短、收效快、风险小的行业，形成不合理的产业结构。此时，需要政府发挥经济杠杆和法律的作用，采取"相机抉择"的宏观政策，调节经济波动的频率与幅度。

第二，自由放任的市场竞争最终必然导致垄断。由于生产的边际成本决定市场价格，各市场主体在市场竞争中处于不同位置，进而导致优势企业逐渐走向垄断。与此同时，为了进一步巩固垄断地位，获得规模效益，这些企业会通过联合、合并、兼并的方式进一步操控市场，导致市场竞争机制扭曲而丧失其自发的调节功能，"帕累托最优"成为"阿喀琉斯之踵"。所以，政府需要通过制定反垄断法以及价格管控，对市场竞争进行适当的限制与引导。

第三，市场无法自动补偿和纠正其自身外部效应。外部效应就是指某些企业或居民的经济行为影响了其他企业或居民，却没有为之承担应有的成本费用或没有获得应有的报酬的现象。换言之，外部效应就是未在价格中得以

---

① 杨承训.中国特色社会主义经济学[M].北京：人民出版社，2009：15.

反映的经济交易成本或效益。当外部效应存在时，人们在进行经济活动决策中所依据的价格，既不能精确地反映其全部的社会边际效益，也不能精确地反映其全部的社会边际成本。其原因在于，某种经济活动的外部效应的存在使得除交易双方之外的第三者（企业或居民）受到了影响，而该第三者因此而获得的效益或因此而付出的成本在交易双方的决策中均未给予考虑。其后果在于，依据失真的价格信号所做出的经济活动决策，必然使得社会资源配置发生错误，而达不到"帕累托最优"所要求的最佳状态。

在现实经济生活中，外部效应的表现形式是多种多样的，对此，可以依照不同的标准来分类。例如，外部效应的承受者，既可能是消费者也可能是生产者，于是，按照外部效应的承受者不同，可将外部效应区分为对消费活动的外部效应和对生产活动的外部效应。外部效应的发起者，可能是生产单位也可能是消费单位，于是，又可按照外部效应的起点不同，将外部效应区分为生产活动的外部效应和消费活动的外部效应。外部效应既可能对承受者有利，也可能对承受者不利，于是，还可按照外部效应结果将外部效应区分为正的外部效应外部效益和负的外部效应外部成本。大致有8种排列：（1）消费活动产生正的消费外部效应——某一居民或家庭因其他居民或家庭的消费活动而受益。（2）消费活动产生正的生产外部效应——某一企业因某一居民或家庭的消费活动而受益。（3）消费活动产生负的消费外部效应——某一居民或家庭因其他居民或家庭的消费活动而受损。（4）消费活动产生负的生产外部效应——某一企业因某一居民或家庭的消费活动而受损。（5）生产活动产生正的消费外部效应——某一居民或家庭因某一企业的生产活动而受益。（6）生产活动产生正的生产外部效应——某一企业因其他企业的生产活动而受益。（7）生产活动产生负的消费外部效应——某一居民或家庭因某一企业的生产活动而受损。（8）生产活动产生负的生产外部效应——某一企业因其他企业的生产活动而受损。

尽管对外部效应可从不同角度作不同的分类，但从外部效应同经济效率之间的关系来看，最基本的还是依靠外部效应的结果来区分，即正的外部效应和负的外部效应。正的外部效应，亦称外部效益或外部经济，指的是对交易双方之外的第三者所带来的未在价格中得以反映的经济效益，在存在正的外部效应的情况下，无论是物品的买者，还是物品的卖者，都未在其决策中计入其交易可能给其他企业或居民带来的益处。一个最突出的例子是消防设备的交易。一笔消防设备的交易，除了买卖双方可从中得益之外，其他企业或居民至少是邻近买方的企业或居民——也可从火灾蔓延的风险因此而减少中得益。但消防设备的买卖双方并未意识到这一点，他们的买卖决策并未加入其交易会降低第三者的财产损失风险这样一个因素。如果加入了这一因素，也就将外部效应考虑在内，在不能向第三者收取相应报偿的情况下，消防设备的交易量定将会因此而出现不足。负的外部效应，亦称外部成本或外部不经济，指的是给交易双方之外的第三者所带来的未在价格中得以反映的成本费用在存在负的外部效应的情况下，无论是物品的买者还是物品的卖者，都未在其决策中计入其交易可能给其他企业或居民带来的损害。工业污染对人及其财产所带来的损害，是关于负的外部效应的一个最突出的例子。工业污染在损害人们的身体健康、降低人们的财产以及资源的价值上的负效应，已为现代社会的人们所共识，但是，与带来工业污染有关的物品的生产者和购买者，显然是不会在其生产决策或消费决策中考虑那些因此而受损害的人的利益的。也正因如此，这类物品的生产往往是过多的。总之，独立于市场机制之外的外部性不能自动弥补其不足，需要借助非市场力量来完成。有些市场主体可以无偿获得市场正外部性所带来的好处，存在"搭便车"的现象，有些市场主体遭遇外部不经济却得不到补偿。对此，一方面，要通过教育等手段减轻其外部性；另一方面，要通过税收、补贴、行政管理等政策使外部效应内在化，使企业成本与价格得到真实反映。

第四，市场机制不能满足公共物品供给需求。所谓公共物品，是指可以为公众提供共同享用的产品或服务，且供给它的成本与享用它的效果并不随使用它的人数规模的变化而变化，如公共设施、环境保护、文化、科学、教育、医药、卫生、外交、国防等。与私人物品比较，公共物品的特性可以作如下概述。

一是效用的非可分割性。即公共物品或服务是向整个社会共同提供的，具有共同受益或联合消费的特点，其效用为整个社会的成员所共享，而不能将其分割为若干部分，不能分别归属于某些企业或居民享用，或者不能按照谁付款、谁受益的原则，限定为之付款的企业或居民享用。例如，国防部门提供的国家安全保障就是对一国国内的所有社会成员而不是对单个社会成员提供的。事实上，只要生活在该国境内，任何人都无法拒绝这种服务，也不可能创造一种市场将为之付款的人同拒绝为之付款的人区别开。国防作为公共物品或服务是一个典型事例。相比之下，私人物品或服务的效用则具有可分割性。私人物品或服务的重要特性就是它可以被分割为许多能够买卖的单位，而且，其效用只对为其付款的人提供或者说是谁付款谁受益。例如，日常生活中的电冰箱，它是按台出售，出售后，其效用也归购买者自己或其家庭独享。这样的物品或服务显然属于私人物品或服务。

二是消费的非竞争性。即某一企业或居民对公共物品或服务的享用，不排斥和妨碍其他企业或居民同时享用，也不会因此而减少其他企业或居民享用该种公共物品或服务的数量或质量。这就是说，增加一个消费者不会减少任何一个人对公共物品或服务的消费量，或者增加一个消费者，其边际成本等于零。仍以一国的国防为例，尽管人口往往处于与年俱增的状态，但没有任何人会因此而减少其享受的国防部门所提供的国家安全保障。而私人物品或服务，它在消费上具有竞争性，即某一企业或居民对某种一定数量的私人物品或服务的享用，实际上就排除了其他企业或居民同时享用。例如，按台出售的电冰箱，当某一消费者将一台电冰箱购入家中后，这台电冰箱显然就只有归这个消费者及其家庭享用了，其他人或家庭不可能同时享用这台电冰箱所提供的效用。其他人或家庭要享用电冰箱的效用，只能购入另一台冰箱，而这时，其边际成本显然不为零。

三是受益的非排他性。即在技术上没有办法将拒绝为之付款的企业或居民排除在公共物品或服务的受益范围之外，或者不能阻止拒绝付款的企业或居民享受公共物品或服务。比如国防，如果在一国的范围内提供了国防服务，则要排除任何一个生活在该国的人享受国防保护，是极端困难的。在私人物品或服务上，这种情况就不会发生。私人物品或服务在受益上是必须具有排他性的，因为只有在受益上具有排他性的物品或服务，人们才愿意为之付款，生产者也才会通过市场来提供。例如，如果一个人喜欢某种电冰箱，其他的人不喜欢，那么这个人就可以付款得到它，其他的人则无须这样。如果某个人拒绝付款，而又想得到电冰箱，卖者就会拒绝卖给他，这个人肯定会被排除出电冰箱的受益范围。总之，由于公共产品具有消费的非排他性和非对抗性特征，市场必然不能提供有效、稳定的供给，这就需要政府以社会管理者的身份组织和实现公共产品的供给，并对其使用进行监管。

第五，市场分配机制会导致收入分配不公及贫富两极分化。市场机制一方面可以提高经济效率，促进生产力发展；另一方面却不能为社会分配带来均衡与公平。这是因为，由于各地行业、部门、企业发展的不平衡以及要素占有量等条件的不同，造成了收入水平的差异，产生事实上的不平等，而奉行等价交换、公平竞争原则的市场分配机制却无能为力，这又会造成强者愈强、弱者愈弱、财富越来越集中的"马太效应"，形成贫富两极分化的态势，持续的社会不公极易引发社会矛盾与冲突，进而引发政治危机。

第六，市场不能自发界定各类经济主体的产权与利益分界，不能自发地形成合理的经济秩序。各类市场经济主体的行为方式及其后果都要受到市场中各种变量（如原材料成本、价格、可用劳动力、供求状况等）的支配，并随着其规律的变化而不断调整着自身的行为及目标，自发地实现着某种程度的经济秩序。然而，以自我利益最大化为目标的市场主体，其"经济人"的本质又决定了他们在复杂且相互密切的经济体系中利益与冲突紧紧交织在一起，又时常表现为很强的矛盾冲突，他们各自又不具备划分市场主体产权边界和利益界限的机制以及化解冲突的能力，此时就迫切需要具有公共权力的政府来充当仲裁者，以政策或法律的形式明确界定和保护产权关系的不同利益主体的权利，保证市场交易的效率和公正性，以及市场机制运行的基本秩序及市场主体的合法权益不受侵犯。

市场缺陷存在的影响因素主要有以下几方面内容。

一是个人自由与社会原则存在矛盾。"帕累托最优"以个人效用最大化为基础,其核心理念与公平原则具有非一致性。市场的竞争性质不能使最需要或应当得到的人享有,即自由放任竞争会带来普遍的不平等。这必然导致个人价值取向与社会价值取向产生矛盾与冲突,而市场无法自动解决这些深层次问题。

二是不完全竞争的存在。这种情况会导致资源配置的无效率,社会整体效率出现下降。如在垄断市场,单个企业将产品价格提高到边际成本之上,消费者必然会减少对此种产品的购买欲望,从而导致资源配置的低效率。

三是信息不对称的存在。个人在现实中所获得的信息极其有限且易发生扭曲,这会导致产生损害个人及社会整体利益的行为。

四是外部效应的存在。外部效应会致使市场在配置社会资源时产生偏差,使单个市场主体的边际效益和边际成本之和不再等于社会边际效益和边际成本。当存在正的外部效应时,社会边际收益大于个人边际收益之和,社会均衡大于竞争均衡,表现为生产不足;当存在负的外部效应时,社会边际成本大于个人边际成本之和,社会均衡小于竞争均衡,表现为生产过度。

五是公共物品的存在。公共物品是一种向所有人提供和向一个人提供时成本都一样的物品。公共物品具有"非排他性"和"非独占性"的特征,这就使得私人提供公共物品变得愈加困难,因此,必须由政府来提供充足的公共物品,避免产生"公地悲剧"。

二、政府经济职能缺陷理论

社会化大生产规律指出,市场与政府的"两只手"调节作用同样重要,缺一不可。与市场调节存在缺陷一样,政府同样存在调节缺陷与调控失灵。市场缺陷具有客观性,而政府经济职能的缺陷则具有很强的主观性,表现为受到政府主体意志等人为因素影响较大，如行政过多干预经济运行将会加剧公共利益与个人利益、整体利益与个人利益的矛盾，造成畸形经济结构、经济效率降低等负面效果。具体而言，政府经济职能缺陷有以下几种。

第一，政府与经济管理在很大程度上是一种契约的关系，在这种契约关系中，委托人具有特殊性，其中复杂的"委托—代理"关系会对政府运作产生十分不利的影响。一方面，政府部门工作效率难以量化测算导致对其激励机制产生影响；另一方面，政府运作的资金源头：由于税收缺乏明确的利益主体，使得政府官员的付出与收入难以形成紧密的关联，这既会影响政府官员干事创业的积极性，也存在很大的"寻租"风险。这样就很难对政府官员的行为进行科学考评，仅能从错误中识别与判断，其结果是政府部门存在惰性、短视以及缺乏创新精神，行政效率必然不高。

第二，政府主观意志所存在的缺陷。由于政府所有政策和决策都由人来完成，政府官员同样受到来自道德、法律、习俗等诸多因素的影响，所以，必然会受到其认知程度、责任意识和道德水准的制约。这样，可能会发生政府官员的个人偏好与公众利益相抵触的现象，而由于信息不对称等客观因素，会使公众利益在与官员利益博弈中处于劣势而受到损害。

第三，政府与民众契约存在不对称性。与政府权力实体相对的民众处于弱势地位，二者的履约可能会由于政府经济权力过大而使交易出现变故。虽然政府强化自我约束，但政府兼具经济实体和政治权力功能，其边界往往不明确甚至模糊，这会使对其惩罚出现空置的现象。

综观世界，一些国家的政府部门存在或多或少的经济职能缺陷。有的表现为宏观调控失度；有的表现为政府官员由于私利的存在而造成的过错和决策失误。因此，学术界需要深入研究经济职能缺陷所产生的具体根源并不断完善。

第一，政府公正干预市场具有非必然性。亚当·斯密的"经济人"假说指出，在现实中确有个别官员或政府部门为了一己私利侵占公共利益而导致"内在效应"，必然会对政府调控下的资源配置效率提高产生负面影响，成为政府失灵的一个重要根源。

第二，政府行政效率较低。不同于市场机制，政府干预具有公共性特征，不能以营利为目标。为弥补市场失灵，政府应该直接参与公共物品的供给，通过财政支出来维护其生产与经营活动，而公共物品的特点使政府干预具有垄断性，这极易使其丧失对效率的追求。此外，政府干预的高度协调性特点，也要求各部门相互协作。所以，协调度如何将会对政府调控经济效率产生重要影响。

第三，政府干预会引发政府规模的扩张。19世纪，德国柏林大学教授阿道夫·瓦格纳指出，政府就其本性而言，有一种天然的扩张倾向，特别是其干预社会经济活动的公共部门在数量和重要性上都具有一种内在的扩大趋势，即"瓦格纳定律"。由于政府要干预市场经济活动，必然会大幅增加履行这些职能的机构和人员数量以及庞大的预算规模和财政赤字，进而影响行政效率。

第四，政府干预与寻租的联系。寻租是个人或团体为了争取自身经济利益而对政府决策或政府施加影响，以争取有利于自身再分配的一种非生产性活动，这种活动不增加任何社会财富和福利。寻租的出现必然会损害公众利益，无论是单个生产经营者还是整个市场都无动力提高经济效率，大量的经济资源被用于寻租，经济中的交易费用徒然增加，政府经济职能失灵也在所难免。

第五，政府决策失误也会导致政府失灵。政府对经济社会干预的过程，实质上是一个多角度且错综复杂的公共政策制定与执行过程。正确的决策必须以充分可靠的信息为依据。但由于这种信息是在无数分散的个体行为者之间发生和传递，政府很难完全占有，加之现代社会化市场经济活动的复杂性和多变性，增加了政府对信息的全面掌握和分析处理的难度。在现实中，一些政府官员并不具备处置这种复杂难度的素质和能力，必然会影响政府干预的效率与效果。

总之，单纯依靠市场调节与政府干预不能不回避各自存在的缺陷。因此，解决问题的关键就在于寻求二者在经济运行中的最佳结合点，使得政府干预在纠正和弥补市场失灵的同时，避免和克服政府缺陷和失灵。可以说，政府与市场间合适的关系就是在保证市场对资源配置起决定性作用的前提下，政府干预与市场调节互为补充，形成二者的最优组合。

第三章 经济伦理学研究

第一节 经济伦理学概念辨析

现代经济学研究的重要课题之一就是经济与伦理的关系，这也是现代伦理学首先要解决的问题。伦理的经济意义与经济的伦理内涵即经济伦理问题则是经济伦理科学探索的首要的基本的理论问题和研究对象。作为经济学与伦理学的交叉学科，经济伦理的研究对象是各层面的经济伦理问题，这些问题都是当代社会经济生活及道德生活中最为迫切需要加以解决且具有普遍意义的重要课题。严格地讲，经济伦理学是一门既古老又年轻的学科。古老的含义是说，因为自从产生经济学和伦理学，它们所提出和面对的问题就包含着诸多的混杂着经济与伦理争论的问题；从现实的角度来讲，作为现代伦理学和现代经济学交叉研究的边缘学科，无论是从其学科的研究性质、研究方法、研究对象，还是从其学科理论体系及内在规律，它都是新生的事物，其实际应用上仍然处在进一步探索的初级阶段。

第一种观点认为，经济伦理是指人们在经济活动中的伦理气质或精神，是人们从伦理道德视角对经济活动的根本看法。而经济伦理学则是将此种气质、精神和观点进行了理论化，或者说是从道德视角对经济活动进行系统理论研究和规范；第二种观点是，经济伦理是一定阶级或社会组织在经济领域中用以调节个人与他人、社会以及社会团体之间利益关系，能够以善恶进行评价的思维意识、规范及行为的总和；第三种观点是，经济伦理主要是指从人们的经济活动和行为中产生的道德观念及人们对这种经济道德观念的认知和评价系统；第四种观点是，经济伦理主要研究和解决道德行为与经济生活之间的关系，其侧重点在于从伦理道德视角去考察和规范经济活动；第五种观点是，经济伦理是一门在经济领域实践的道德哲学，它研究了经济社会活动中的伦理道德问题，揭示其形成、发展的过程及规律。经济伦理主要研究经济活动的合理性，并通过善恶观念进行评价，研究伦理与经济的逻辑关系，从而揭示经济社会发展与人的全面发展的关系；第六种观点是，经济伦理既不是从道德上评价经济行为，也不是从道德的视角来看待经济活动，而是从经济运行的规律中去寻求伦理的秩序和道德规范。简要而论，经济伦理是经济关系的应有秩序和条理，经济道德是凝结在经济关系的秩序和条理之中的行为规范；第七种观点是，经济伦理是研讨人们如何运用符合经济规律的伦理道德原则去指导经济背后的伦理动因并指导、规范个体或群体的经济行为的学科，其实质是探讨经济运行背后的伦理动机；第八种观点是，经济伦理是伦理学与经济学之间的一门边缘交叉学科，它关注的重点在于以道德哲学的眼光审视经济社会现象，目的是揭示其深刻伦理内涵，同时以特殊的视角探讨道德的经济意义规律，展现出经济理性和理性经济的基本状态和基本内容；第九种观点是，经济伦理是研究经济活动中的道德现象，经济领域的道德现象是以人的经济行为作为载体而折射出来的道德，它是道德的一种特殊的、具体的表现形式。经济伦理用道德的眼光看待经济活动，它研究人们进行生产、分配、交换、消费的道德依据和道德价值；第十种观点是，经济伦理是指在经济活动中形成的各种伦理关系以及协调处理这些伦理关系的道德原则和规范的总和，是关于经济行为在伦理上的正当性、合理性的规定。

经济伦理学的定义一般可分成三类：第一类是从伦理学的视角来理解经济伦理概念。这种观点认为，经济伦理就是关于人们经济活动的道德观念以及人们对经济道德的认知和判断，抑或对人们经济行为的合理性及其价值导向的指导作用、经济行为的伦理规范及其对经济行为的反作用；第二类是从经济学角度来解读经济伦理问题。这就是说，经济伦理就是从经济运行的内在规律中提炼的道德价值体系，它研究经济体制、经济规律对伦理规范的深刻影响；第三类是从伦理学和经济学结合的角度来理解经济伦理，这种观点认为，简单地从经济学角度或从伦理学角度来理解经济伦理都会有失偏颇。所以，应该将经济的伦理意义和伦理的经济功能有机地结合起来。在这三类说法中，第三类为更多学界专家所认同。原因在于：

第一，经济问题与伦理问题总是紧密联结在一起。研究经济伦理问题时，一定要用全面的、联系的和发展的观点去分析伦理与经济的内在统一，而非仅从单一的经济的或伦理的角度去理解经济伦理问题。经济伦理是研究经济学与伦理学的交叉学科，它随着社会经济的发展而逐步崛起。人类在社会经济发展过程中，经济伦理问题一直伴随左右，即研究关于经济伦理上的正当性、合理性、目的性的问题。因此，"经济学"和"伦理学"都可以从各自角度对经济伦理问题进行研究。事实上，古今中外的伦理学家和经济学家也都从各自的角度论述了经济伦理问题，形成各具特色的理论观点。以孔子经济伦理思想为例，虽然《论语》不是主要讲经济问题，但他讲到经济问题时必讲伦理，伦理和经济的结合是其思想的重要特色。他的"见利思义"等"义""利"思想，很好地把经济和伦理统一了起来，在我国这是最早将二者统一起来的经济伦理理论。在其理论体系中，伦理意义重于经济内涵。伦理是经济的目的，经济是伦理的手段。在西方，英国人边沁和密尔的功利主义对西方伦理思想影响很大，其理论本身反映了经济伦理的思想。边沁曾提出"功利"原则、"最大福利"原则，从其理论中可以看出，经济重于伦理，经济是目的，伦理是达到目的的手段。

第二，经济和伦理的有机结合是形成正确的经济伦理思想和提升经济社会道德的正确途径。历史的经验教训告诫人们，倘若只重视道德，不重视经济发展是缺乏物质基础的；同理，注重发展经济而不重视道德建设也会使社会发展走向异化。因此，将经济与伦理紧密结合显得十分重要。原因在于，一方面，道德的进步需要经济的整体发展和人民生活水平的普遍提高；另一方面，也应看到伦理道德对经济所起到的巨大反作用。经济发展既需要资金和先进技术的支撑，更需要正确的价值导向。

第三，经济伦理思想已成为越来越多人的正义呼声。自20世纪中期以来，科学技术取得了巨大的进步，空间技术、原子能技术、新型材料技术、计算机技术，以及生命科学的发展，使社会生产力有了飞速的发展，也给人类带来了巨大的物质文明进步。与此同时，人类无休止地掠夺大自然，让人类面临越来越严重的生态危机：资源锐减，森林乱砍滥伐，环境污染，水土流失严重等。而人口的急剧增加又给环境、生态、资源造成新的危机，形成恶性循环。此外，过度追求金钱和物质享受在客观上会导致伦理道德教育弱化，造成社会道德下降，各种犯罪现象增加，社会秩序混乱等一系列严重后果，这又会反过来阻碍生产力的进一步发展。在这种背景下，世界各国都在大力呼吁，要认识经济伦理的重要性，加强经济伦理道德建设。

综上所述，经济伦理就是指各经济参与主体在经济活动中产生的与道德行为之间关系的总和，是研究经济与道德关系的诸多价值判断。从概念中可以看出，经济伦理是从伦理视角解读经济活动，从深层次剖析经济行为中的道德问题。经济伦理的研究对象是经济运行中的相关伦理问题，是伦理学研究范式具体应用于经济学研究的典型范例。因此，经济伦理学属于经济学与伦理学的交叉学科，它统一了经济发展和道德进步的目标，具有很强的跨学科性质。不同于社会领域的其他现象，经济伦理研究的道德现象是以经济利益为基础形成的价值判断。因此，作为规范研究范式，经济伦理学需要对经济主体的道德行为作出正确的价值分析，进而确立正确的价值目标和标准，确保市场经济的健康发展。经济伦理以经济运行中的"善"为社会道德的归依和核心价值，经济伦理的"善"保证了公正分配社会利益，保证形成稳定的社会秩序，以及产出的高效率。

第二节　经济伦理学产生的社会历史背景

不管是古代中国还是西方社会，经济伦理的思想都能追溯很远。在人类经济活动中，既存在伦理道德问题，也在伦理生活中存在经济问题。经济伦理学作为学科来说"一方面是符合伦理学的经济理论和伦理制度及规则的经济学，另一方面与经济的伦理学也是相符的，正如政治经济学一样，这门学科具有双重含义"。

在西方，经济学与伦理学的联系最早可以追溯到古希腊时期。"经济"一词，源于希腊文，原意为管理。古希腊历史学家色诺芬（约前440年—前355年）在《经济论》中论述以家庭为单位的奴隶制经济管理，并指出这是经济研究的核心内容。他将经济活动看作创造有用物品，即创造使用价值的过程，他是古希腊中第一个注意到手工工场内分工的人，他告诫奴隶主，必须最低限度地满足奴隶的需要才能发财致富。在《尼各马可伦理学》中，亚里士多德（前384年—前322年）把经济学科和人类行为目的联系起来，提出了经济学对财富的关注。表面上看，虽然经济学的研究仅关心人们对财富的追求，但从更深的层次上讲，经济学的研究还和人们对财富以外的其他目标追求有关。"因为很显然财富不是我们所追求的善，它只是有用的东西，以他物为目的。"[1]在《尼各马可伦理学》的开卷和结尾当中，亚里士多德还提到劳动意义问题，他从实际经济生活出发，强调一切具体职业活动，都会追求某种目的，目的是实现某一具体的"善"。劳动的普遍的"善"也和个别的"善"相联系。虽然亚里士多德反对以赚钱为目的的交易，但他还是拥护私有制，他反对限制拥有私有财产数量。从亚里士多德对伦理学论述可以看出，古希腊伦理思想既有其深厚的经济基础和政治条件，也有其特殊的文

---

[1] 亚里士多德.尼各马可伦理学[M].北京：中国社会科学出版社，1999：8.

化背景，它反映了古希腊人对自然秩序、社会关系和人的行为品质的认知。

古希腊罗马之后，欧洲进入漫长且经济发展缓慢的中世纪。在中世纪早期，关于法律、伦理的规定是与当时的经济社会形态和所有制关系相适应的，例如，法兰克王国制订的《萨利克法典》就是原始公社解体和封建主义产生的必然之物，它反映了以家庭为单位的经济逐步走向独立化和保护私有制的过程。欧洲中世纪的封建主义经济思想也从属于伦理道德。在当时，基督教教会不仅是欧洲封建统治的精神支柱，也是经济支柱之一。这就是说，经济思想是基督教的道德教义的一部分。中世纪的学者认为，经济学是一种能够保证经济活动得到优良管理的道德问题。这些学者对经济问题的分析是以神学教义为规范去作价值判断。此种经济伦理思想谴责贪婪与欲望，把个人物质生活的改善服从于他的教会兄弟的要求，服从于人在天国中得救的需要。因此，圣·奥古斯丁担心贸易使人们不去追随上帝。而在中世纪早期的教会里，"基督徒不应该做商人""富人进天国比骆驼穿过针孔还要难"一类说法是普遍的。[1] 教会经常表现出思想的两面性，因同情穷人而谴责那些加深剥削和不平等的经济活动，又因维护神权而进行漠视人世上一切苦难的说教。因为人有罪，所以奴役制度是合理的，"比起贪婪来，服役于人还是一种比较快乐的奴役事件"[2]。

从中世纪神学家的另一位著名代表托马斯·阿奎纳（1225—1274）的著作中也可以找到当时经济伦理思想较为完整的论述。托马斯的经济伦理思想包括对公平价格、私有财产制度和高利贷问题的意见。托马斯·阿奎纳认为私有财产不违背自然法，"我们可以说，对人来说，裸体是符合自然法的，因为自然并没有给他衣服"。他又说，"在这种意义上，共同占有一切东西和普遍的自由被说成是符合自然法的，因为持有财产和奴隶制不是自然带来的，而是人类理性为了人类生活的利益设计出来的。所以，自然法在这个方

---

[1] 王锐生，程广云. 经济伦理研究 [M]. 北京：首都师范大学出版社，1999：15.
[2] 西方哲学原著选读（上卷）[M]. 北京：商务印书馆，1981：222.

面除了添加了某种东西之外并没有改变"①。在讨论公平价格时,托马斯·阿奎纳实际上是面对罗马法维护契约自由的议价原则的传统在其时代的实践矛盾的一种表态,他表现出对等级利益的维护。托马斯·阿奎纳从基督教教义出发,强调参与买卖的人对于他人应负的法律与道义责任。在他看来,公正、诚实、与人无损就是商业交易中应该遵守的伦理道德标准。托马斯·阿奎纳基本上沿袭了教会对待高利贷的观念。他对高利贷的商品作了区分,涉及人们的生活必需品,如粮食,关系到人的基本生存的伦理问题,这类商品的高利贷就是非正义的。中世纪高利贷理论随时代发展也发生了改变。古典经济学限制个人主动性,而到了凯恩斯时代,他认为,"过度的流动偏好造成的投资动机的消灭是突出的罪恶。"②"经院学派之讨论,乃在找出一种方策,提高资本之边际效率,同时用法令、风俗、习惯及道义制裁等压低利率。"这就是说凯恩斯发现了禁止高利贷作为一种经济调控手段,具有积极的经济伦理意义。"教会对利息的态度不能按照教会的狭隘经济利益加以解释。教会聚集财富,因为比较而言,教会的债权人比债务人多,加以禁止也许转而在经济上对它造成不良影响。而就涉及总体上的经济而言,这个早期中世纪社会是原始的农业社会,为了这个缘故,对利息的禁止也许非常适合于它,正如《旧约》的规则首先用于希伯来社会一样。"③到了封建社会晚期,商品经济日益繁荣,人们迫切需要从借贷关系中获得投资的资金。这时候,在商品经济大潮面前,教会禁止贷款收取利息的做法就不奏效了。1574年,新教的加尔文否认借钱收取报酬是一种罪恶。这意味着不仅拒绝亚里士多德关于"货币不增殖"的权威观点,而且也承认货币是可以用来取得那些会产生收入的东西。只有对为灾害所迫的穷人放债收息才是罪恶。当时,人们为了逃避教会的禁令而采取一种把金钱的"贷"与"借"隐蔽起来的办法,

---

① 亨利·威廉·斯皮格尔.经济思想的成长(上)[M].北京:中国社会科学出版社,1999:50.
② 亨利·威廉·斯皮格尔.经济思想的成长(上)[M].北京:中国社会科学出版社,1999:59.
③ 亨利·威廉·斯皮格尔.经济思想的成长(上)[M].北京:中国社会科学出版社,1999:55.

这就是处于"匿名"状态下的合伙经营。不仅如此,中世纪的学者对高利贷和利息的关注也将他们引向了财富分配的研究。同样,一般来说,在社会的一切领域里,财产和权力的不平等是不便利的和不合理的,但是,过于纷争会毁坏和破坏国家的和谐。①从中可以看出,显然他反对财产的两极分化,主张对财产利益进行结构性调整。

随着资本主义萌芽的出现,市场经济的时代也随之到来,由于生产关系的变化引起了伦理关系的变化。资本主义经济伦理思想基础和渊源表现出四个方面的特点:第一,古罗马的"罗马法"(它规定了个人的权利与义务)。第二,基督教教义所阐述的平等学说(一切人在上帝面前都是平等的)。第三,15世纪文艺复兴运动的两个发现,即世界的发现和人的发现所衍生的个性自由、人格独立的思想传统。第四,宗教改革运动中新教倡导的禁欲、勤俭、敬业和聚集财富(这种聚集财富是符合上帝的旨意的)。②在此基础上,资本主义天赋人权的启蒙思想和古典经济学理性"经济人"假设,以及自由放任的经济社会新秩序的建立,空想社会主义和其他各种社会主义思想、德国历史学派等,进一步扩展了经济伦理思想的空间。

近现代以来,西方在现代化进程中产生了"市场经济"概念。市场经济概念是由古典经济学者亚当·斯密首先提出,后世经济学家们不断对此概念进行丰富与发展,并形成了对此内容的不同视角解读。其中,具有代表性的是以下两种:

第一种是经济自由主义和经济理性主义对市场经济的解读。经济自由主义和经济理性主义都认为,市场经济的基本规则是纯粹的理性计算,它会像自然科学一样具有规律性。各市场参与主体可以遵循以效率最大化为核心的市场经济通行准则,而其中的关键在于维护自由竞争,因为只有自由充分竞争才能不断保证效率的最大化,而效率最大化则可以成为充分竞争的动力来

---

① 亨利·威廉·斯皮格尔.经济思想的成长(上)[M].北京:中国社会科学出版社,1999:63.
② 王锐生,程广云.经济伦理研究[M].北京:首都师范大学出版社,1999:1.

源。由此可以看出，虽然古典经济学对市场经济的认识具有片面性，但它率先探讨了规范经济学的特点，这对于人们更好地了解市场经济性质并发展市场经济，起到了重要的作用。

第二种是19世纪德国历史学派对市场经济的解读。德国历史学派的经济学家指出，人类经济生活的重要组成部分就是自身的历史文化。不同于逻辑严密的自然规律，市场经济是关乎人类价值选择的行为准则。市场经济一方面具有经济理性主义的特点，另一方面它也是特殊的社会交往领域。市场交换的本质是价值交换，其参与者不仅是经济人，而且也是社会人，整体是一个具有现代社会秩序特征的规范经济体。奥地利国民经济学派和制度经济学派也指出，作为特定秩序化的市场经济，它本身就蕴含着制度规范，即各种社会规范安排都是市场经济理论所需要考虑的因素。

第三节　经济伦理学研究范畴

一、经济与伦理的研究前提——"经济人"与"道德人"

英国经济学家亚当·斯密首先提出了"经济人"的概念。它一方面指出参加经济活动的主体，另一方面也指出了资本主义生产方式中从事经营活动的资本家。本书所讲的"经济人"泛指一切参加经济活动的主体，体现着一切经济活动的人格化。一般来说，"经济人"可表述为在经济活动中以经济的方式来计算的一切行为，并且努力把寻求自身利益最大化作为该行为的出发点和归宿点的人。因此"经济人"的本性是人根据趋利避害原则，通过对"成本—收益"的比较，优化选择出所面临的一切机会、目标和实现手段。经济活动的动力机制催生了"追求利益最大化"的"经济人"。"经济人"具有以下特征：第一，把对自身利益的追求和满足放在首位，把个人利益看作是否采取市场行为取向的最后决定因素。第二，具有利益与否是人们经济活动中的原始驱动力。第三，面对经济活动的各种情况，把追求最大利润作为活动的唯一目的。第四，个人对物欲的追求与满足带动了整个经济活动领域的"繁荣"，并由此实现了效用和功能的最大化。

"经济人"假设从根本意义上说只是在理论经济学体系中充当分析基点作用的个人市场行为的一种象征性表述，是理论层次上提炼出来的一种市场中的人，仅仅是一种假设。当然，"经济人"抽象绝非是主观臆想，而是有现实的基础，即人在市场中的经济维度，其经济行为主要是以交易形式进行的自利行为。在市场交易活动中，"自利"是每个人的重要目的。无论任何人，即使是心怀高尚的无私者，他的交易活动也不可能不以"自利"为其经济活动的基本原则。至于追求财富的终极目的，无论是为了抚养和教育子女，还是为了从事某项公共福利事业，这些看似出于公利之心的目的并非意味着他的交易活动不是自利的，他既不可能因怀有崇高目的而愿意以低于市场的价格出卖其商品，也不可能以高于市场的价格购买商品。因此，"经济人"的理论抽象，绝不是随心所欲的面壁虚构，而是对每个市场参与者的非常接近其真实意图的表述。

从某种意义上讲，"经济人"的理论抽象，就是一种理论建构。其一，这种建构本身是在分析学意义上突出了人在市场中经济行为的特定因素——"自利"和"理性"推导出来的。在这一建构过程中，在思维上"宁多勿少"的自利动机被定向强化，从而获得主观上追求利益最大化和行为上采取与这种目标相适应的理性决策的理想化形象。当然，这种"理想类型"的"经济人"在经济学家看来绝不是最好的形象，而仅凸显自利和理性行为接近于市场上人的真实经济行为的典型。参照这种"理想类型"，我们就能够把市场上的实际行为转变为在理论上清晰的、可理解的典型行为。其二，"经济人"抽象为理想类型，需要在特定的市场经济条件下，沉浸在市场交易行为的运行逻辑和规则之中。"经济人"的行为，本质上是历史的、既定的，基于交换领域的典型化行为。这种典型化或理想化的概念有助于经济学研究中增进推断因果关系的技巧：它不是对人的实际经济存在的完整描述，所以不能通过"经济人"理念与人的实际经济行为进行直接对比的方式来检验"经济人",更不能以其没有考虑到利他动机、社会文化因素等诸如此类的"缺损"来否定"经济人"抽象的合理性。作为一种理论抽象,"经济人"模式不考虑这些因素是一种"缺陷",但又是科学分析中不可避免的"缺陷"。

"道德人"这一思想概念的最早提出者可追溯至英国著名经济学家亚当·斯密。但是把"道德人"概念明确化,最早是由德国社会学家马克斯·韦伯完成的。他认为,市场经济活动的约束机制是使人具有"道德人"的属性;影响市场经济运行的要素,除了经济活动之外,还与政治、伦理、文化、社会等因素有着直接或间接的关系。正如他在《新教伦理与资本主义精神》一书中所说,尽管由于新教伦理创造的资本主义精神和道德力量抚育了近代的"经济人",而"经济人"的成长过程需要道德的支持。正是从这一角度,人们把"道德人"看作对人在经济活动中的一种完善和补充。"道德人"理论具有鲜明的特色,这主要体现在以下几个方面。

第一,在经济活动的驱动力上,"道德人"理论强调合乎理性的经济发展。在对经济发展进行研究时,虽然首先需要考虑社会经济状况,但伦理精神亦是推动社会经济发展的巨大动力。在"道德人"看来,要既承认经济因素的重要性,也还要取决于从事实际经济活动的人的精神与气质。经济社会发展的动因,是各种力量综合的结果,是社会合力的产物。其中"合乎理性的伦理精神"和新的价值观念,可以引导人们积极向上,把从事经济活动视为完善道德与实现最高价值的重要手段,由此成为进一步推动经济发展的精神动力。

第二,在经济活动的社会目标上,"道德人"理论强调,追求经济活动的社会目标,只有合理的经济活动才是道德的行为。现代化生产的经济社会活动,个体行为既关系自身,也影响社会和他人;理性精神对生活普遍指导的合理性以及合理的经济伦理,是指导人们调节相互关系的行为准则。这就表明:"道德人"理论并不是把获利看作绝对的坏事,它反对的不是获利和追逐利润,而是非理性的、不道德的获利。马克斯·韦伯多次强调,要使获利行为成为按照理性来追求，根据资本核算来调节的道德行为。具体来说，一方面，他认为金钱是一种职业，是人人都必须追求的自身目的，若金钱意味着人履行其职业责任，则它不仅在道德上是正当的，而且是应该的和必需的。有效的经济行为本身就具有伦理性。另一方面，他也认为人们对物质财富的追求，应当通过人的自身能力和主动性去合乎理性地、合法地进行，做到合理地、有道德地获利。

第三，在经济活动行为的判断标准上，"道德人"理论把促进经济发展与道德同步发展既看作社会进步的根本标志，也看作社会发展的客观要求和自身肩负的历史使命。在道德发展史上，凡属符合社会发展要求，顺应历史变革的先进道德，都对社会发展起着变革性的促进作用，反之，就会成为阻碍社会经济发展的力量。资本主义上升时期的诚实、守信、勤奋、节俭等这些道德日益体现了现代经济合理性的道德精神，从而把利润、获利从宗教伦理的禁锢中解放出来，促使资本主义的经济冲动合法化，为资本主义市场经济的发展注入了生机与活力。与此同时，被市场经济膨胀了的对物质财富的贪欲，也使一批人让追求财富成为不受控制的欲望并全身心地服从这种贪欲，道德退化为经济的冲动，不再与精神的文化的最高价值发生联系，造成经济冲动与道德控制的严重失衡。越来越多的事实已证明，一旦社会发展最终蜕变为只受机器生产的科学技术和经济条件控制的时候，原先推动人们从事经济活动的最初动力的物欲，将会变成"一只铁的牢笼"，使文明社会坠入"专家没有灵魂、纵欲者没有心肝"的可悲境地。

由此看来，"道德人"理论主张的自我行为约束，是保持经济冲动与道德调控相对平衡的不可缺少的因素。离开了道德精神的主导作用，"经济人"的经济行为就会失范。因此，考察"经济人"与"道德人"的关系就十分必要。

第一，从人的经济行为动机来考察。任何一个经济过程都是从确立经济行为主体的动机开始的，强烈的主体动机在经济过程中显示出经济的强大驱动力。经济驱动力的正确选择，关系到经济体制的合理性。西方古典经济学家从亚当·斯密开始就确立了"经济人"的利益动力论，即以个人物质利益的追求为驱动力。而我们以前受传统意识形态的支配，基本上立足于"道德动力论"，即通过计划经济手段来实现道德主义的驱动。在这种体系中，经济任务的完成与否以及完成得是否优秀、经济学家们的道德评价与个人政治发展之间存在紧密的直接关系。经济效益是增加还是减少，与个人的切身利益并无直接关系，经济利益杠杆对个人所起的作用较小，要调动个人的生产积极性，就只有靠道德动力。

第二，从人的综合行为轨迹来考察。经济活动中的人并非都是追求自身利益最大化，经济因素并非是对现实的人考量的唯一变量，文化修养、道德素质和社会理想都会对其发生作用。在现实中，道德因素是对现实的人经常考量的量度。正因如此，所以现实的人的财富积累到一定程度，对单纯经济利益的追求会表现为边际化。从理论上来看，经济活动的本性是只追求自身的物质利益最大化，具有完全功利性；而道德的本性则是超功利性的，即超越自身的物质利益，因而是具有完全自律性的。但是现实中的人在社会道德的约束下，是不可能超越道德空间的自由性，这就证明了经济活动中人的行为是功利和非功利结合体，他律和自律并存的情况。这样的人在从事经济活动中，行为主要动机会自觉意识到这样的行为将有益于他人和社会，同时也不会拒绝在这个过程中使自身得到利益。这样的人仍然属于"经济人"范畴，但在他的动机里已经做到把个人利益同更高层次的精神追求结合起来。

第三，从人为实现经济利益采取的手段来考察。在经济过程中，人们要使自己的获利动机能够转化为实际的经济效果，必须有实现动机的手段。在市场经济体制下，实现获利动机的手段是多种多样的，然而，这些手段在许多方面都不同程度地会受到制约。市场机制这只"看不见的手"是实现动机必要的手段，而竞争就是市场机制实现的主要途径。健全的、有序的竞争需要各种必要的市场规则。在这些规则体系中体现出维持有序竞争的各种有效道德，体现牟利动机与道义信念并存的理念并通过法律的形式表现出来。市场经济为了达到自己的目的所需要的手段除了"看不见的手"之外，还需要另外一只"看得见的手",即政府对经济的宏观干预和调节,如供给与需求的总量平衡问题、社会的产业结构调整问题、社会生态环境问题、社会公平问题,等等。而政府指导经济运行并和其相互作用,目的就是促进经济的"人道化"和经济的增长,即效率与公平两大目标。所以,在政府对经济的宏观干预中已经蕴含着对道德调节的动机。

二、经济与伦理的研究核心——公正与利益

公正是社会道德的基本原则之一。公正是涉及多学科、多领域的人文社科概念,各学科对其理解也有诸多不同。在经济伦理领域里探讨的公正更多的是从社会总体利益的角度出发思考如何做到公平合理分配的问题。经济伦理范畴的公正是指在经济活动中发挥调节利益杠杆作用的伦理尺度,是对微观和宏观经济行为进行客观道德评价的价值取向。

作为市场经济活动的主体,个人与企业之间是等价交换的关系,这构成主体的社会规定性。等价交换也就成为公正的经济前提。现代市场经济条件下的公正是经济如何更好地与伦理结合的问题。因此,在经济伦理视域中研究公正既要突出各学科研究的共性,也不能忽视其自身学科特点。对此,要将其界定为合理合法的社会制度安排和利益调节方式及其由此形成的社会正义品格。

经济制度公正的前提是社会制度公正,它是由经济社会各环节公正和分配的原始公正组成。权益具体既包括参与的平等、竞争的自由,以及机会均等的基本权利,也包括社会有利条件和实质性价值,如社会保险和经济效益等。原始分配公正是指按照市场机制进行分配所体现的公正,其依据的法则是生产要素投入与产出比例关系是否具有合理性。这种公正也可被称为起点公正,但由于先天资质等差异,后天不可能实现绝对公正。因此,为了弥补其研究不足,经济伦理也强调多元社会文化共同发挥作用所实现的公正。此外,社会公正还蕴含着上层建筑里的规范,经济道德就是人们一直追求的目

标之一，其在经济活动中也发挥着调节社会关系的作用。

　　人类生存第一条件和基本需求是要从事生产活动，与之相对应的则是道德调节经济活动的必要性。从历史视角来看，经济自从进入人类社会形态后就表现出一定的道德性，而道德性则随着经济社会的发展而不断演变，经济与道德的关系也在不断加深之中。人类生存的历史前提是如何满足衣、食、住、行等生活必需问题，即从事物质生产活动，而需求的不断满足与升级则衍生出新的物质生产活动，人类历史就在此循环往复中不断前进。一方面，人的生产活动表现为自然生产关系；另一方面，还表现为复杂的社会生产关系，即人的社会性要求人们将经济社会联系起来，从而形成从事生产活动的必要条件。人在物质生产过程中所产生的伦理道德等意识形态活动和经济活动形成了辩证统一关系，即具体经济活动受到经济价值调节。虽然道德在不同社会形态中表现不同，但在不同社会形态中经济道德起到了调节人与人、人与社会之间的经济利益矛盾，平衡各方利益关系的作用。因此，利益成为人们所追求的共同目标，也是经济与社会的纽带。

三、经济与伦理的研究目标——自由与效率

　　长期以来人类社会所追求的理想境界之一就是自由。自由既是历史的产物，也是社会的产物；既可以归附于政治范畴，也可以纳入伦理道德的研究范畴。同理，自由也可以成为经济伦理研究的重要内容。经济伦理成为经济活动的重要原则是近代资本主义经济形态不断发展的产物。

　　对经济伦理视域中自由的研究需要从生产、商品、经济运行机制等微观及宏观层面进行深入探讨。以商品交换为价值归依的经济社会形态，其经济本质的规定性决定了与之相适应的经济自由观，而这种与市场经济相适应的经济自由观具有十分鲜明的自身特点。市场经济中的社会劳动从以往相互分离状态转变为由于内在必然性而联结为整体的劳动，如资本主义生产方式。

　　在资本主义社会，社会联系决定个人劳动内容，每个人都为满足他人需

要而劳动，每个人劳动都只是社会劳动的一部分，都不能离开社会整体劳动。从劳动的天然特性来看，个体劳动在整体劳动中必然是自由的，相应地，劳动者也会具有自由观念。

从商品交换角度来看，商品生产者将自身意志渗透进产品中，即可以自由决定生产什么商品，怎样生产商品。与此同时，与之对应的商品生产者也可以根据自己的意志去生产商品，两者通过交换实现各自的意志满足，这种行为本身充分说明双方都有自由的因素。经济主体正是由于取得了自由经营的权利，才极大地调动了他们的生产积极性，生产力也才能不断得到提高。

货币制度从商品交换中产生，因为货币一方面是交换的方式，另一方面也是交换的目的，目的与手段两者的统一是交换自由实现的保障。市场经济条件下的货币制度要求每个人都拥有获取、占有和使用货币的自由，但不能依靠非法手段来实现自由。

经济学中的效率是指资源的有效配置和利用问题。市场经济的第一要义是追求效率最大化，即是否能以最小投入带来最大产出的问题。近年来，随着各学科对此效率涉猎的逐步加深，原先作为经济学领域研究重点的效率问题，被学者们逐渐打破学科界限，在更广的范围内研究此概念，不断丰富着它的内涵和外延，经济伦理领域的研究也是其重要组成部分之一。美国经济学家艾伦·布坎南说："经济学家试图只根据效率来评价市场，而忽略伦理问题，而伦理学家（以及规范的政治学家）的特点则是（在从根本上思考了有关效率的考虑之后），蔑视效率考虑而集中思考市场的道德评价，近来则是根据市场是否满足正义的要求来评价市场。"[①] 可以看出，不管是经济学家对经济伦理问题的轻视，还是伦理学家对效率的蔑视，这两种认识都会阻碍经济社会全面发展。事实上，经济与道德都具有社会存在的合理性。市场经济是效率兼具道德合理性与经济效率合理性兼具道德合理性的统一。

经济伦理学对效率的理解和把握通常是站在更宽、更高的社会角度来完

---

① 艾伦·布坎南. 伦理学、效率与市场 [M]. 北京：中国社会科学出版社，1991：3.

成的。总的来看，经济伦理视域中的效率包括经济价值与道德价值，它不仅体现在生产中资源投入与产出的比例关系，也表现在资源分配、宏观调控等其他综合性指标中。这就是说，效率内涵表现为多个层面，它是政治效率、经济效率、道德效率的统一。具体而言，一般包含以下两个含义。

第一，效率具有丰富的社会含义。经济伦理中的效率不仅包含资源使用与配置问题及单纯的经济效率问题，还包含着丰富的社会效率问题。经济伦理研究对象决定了社会的价值判断，它是在充分考察经济效率的基础上研究探讨如何对社会整体利益提升的问题。

第二，效率也需考量经济可持续发展问题。经济生产的重要特点之一就是资源投入的有限性和资源约束性之间的矛盾。若从经济伦理角度考量，高效率不仅说明投入既定条件下较少的投入与较多的产出，而且也需要考量短期效益与长期效益的统一，即社会可持续发展问题。

既然经济伦理中的效率是社会效率，那么判断效率的准则可以归纳为两个方面：一方面，判断一个体系（个体和社会）是否具有效率，需要当且仅当此体系比其他体系更具生产性效率和更合理的资源分配效率，这是效率判断的伦理学和经济学的标准；另一方面，判断一个体系是否有效率，当此体系的各项安排相比于其他体系而言是否更能保证社会中大多数成员的生存状况得到改善，确保体系间社会保障差异程度在社会成员可接受的范围内。这种制度安排的目的是为避免狭隘地理解分配效率问题而进行设计。

四、经济与伦理的两者联结——分工与合作

分工是推动人类社会生产力发展的强大动力。作为社会文化的存在物，人既有社会物质生活的需要，也有社会精神生活的需要，而人们各自又有在不同方面与层次的需要。人们只有享用和消化经过人的观念和实践加以改造过的各种对象，使它们转化为自己物质生活和精神生活的一部分，才能满足自身多样性的需要。不同的需要有不同的对象领域，因而要求人们对外部世

界实现有分工的掌握。

世上任何一个具体的现实的人，他的本质力量是有限的、历史性的，所以也只能从事有限的几种活动。在没有社会分工的条件下，在人人都必须亲自担负生活所需要的各项劳动的情形下，受个体精力和能力限制，人们被迫只能从事几种最紧迫的活动，满足极其有限的几种生活需要，维持单调且贫乏的生活。而分工既是人类满足多样性需要的必然要求，也是满足人类在量上和质上不断增长的多方面需要的现实途径。在分工的条件下，只有在不同的人群中掌握和分配不同的外部世界的能力，人类整体才能获得与人的多样性需要相适应的掌握外部世界的总体本质力量和"全面能力体系"，人们多样性需要的满足才有可能成为现实。因此，人的多样性需要的满足将一直依赖于人对外部世界的分工的理解。

从一般意义上讲，抽去分工具体的历史形态，劳动推动了人的发展与进化，劳动使人从动物中分化出来，形成了人类社会本身。因此，人只有持续劳动才能作为人而存在，才能维持住自身的稳定性，并同动物界严格地区分开。但孤立存在的劳动资料和劳动者并不是现实的劳动，现实的劳动是两者结合的状态。与此同时，劳动者又不能单凭着个体力量实现与劳动对象、劳动工具的结合，他们必须在一定的社会形式中，借助这种社会形式而进行对自然的占有，这种社会形式就是分工。"到目前为止，一切生产的基本形式都是分工。"马克思说，如果他们不以一定的形式结合起来，相互交换和共同活动，便不能进行生产。相互交换活动意味着分工的存在。倘若没有分工，无论这种分工是自然发生的抑或本身已经是历史的结果，也就没有交换。人类一旦在分工的条件下开始生产，那他们的力量就不仅有了量的扩大，也有了质的突破，这是人类的伟大之所在。在社会范围内，劳动部门各种各样，劳动种类成千上万，人们的职业千差万别，即使同种职业中人们的工作也互不相同，这就是并存的不同劳动。分工则借助并存的不同劳动而存在，并存着的不同劳动是分工的具体表现，具体的劳动及其形式都可以统属分工的概念之下。就人类社会而言，劳动永存、分工不灭。分工具有时间上的永恒性和空间上的普遍性，它将与人类社会长期共存。

分工的出现必然导致阶级的分化和私有制的出现。因此，它在给人类带来文明进步的同时，也不可避免地存在负面效应及历史局限性。具体表现为：

第一，分工一方面促进了人的多样性活动形式的存在，从而实际地证明了人是一种具有多方面需要和能力禀赋的全面的存在物；另一方面却又阻碍了至少是大多数人的全面发展的现实机会。由于在私有制条件下，共同利益和私人利益之间的分离，存在阶级对立，分工具有外在性、强制性等特点，分工就会把一定的特殊的活动范围强加给每一个人，而每个人都有不得不屈从分工，屈从于他被迫从事的某种活动。这样，每一个人都不得超出强加给他的一定的特殊的活动范围。

第二，分工确实不断地创造着人的新的需要、不断地创造着用于满足人类的新需要的掌握外部世界的本质力量、不断地创造着满足人的需要的新的对象。但是，随着私有制的出现和阶级结构的分化，人的需要本身也会发生分化。有些人的需要得到了多样性的发展，而有些人的需要却受到了压抑和压制。这就是说，在掌握外部世界分工的条件下，并不是现实的每个人都能得到多样性需要的满足。分工使广大劳动人民的多样性需要受到统治阶级与剥削阶级的压迫，它使广大劳动者的需要降低到只是单纯地维持机体存在的简单的动物需要。劳动者仅被当作具有最必要的肉体需要。

第三，分工促进了交换范围扩大、人们的交往以及社会关系的丰富化，同时却又使本来作为个人从事掌握外部世界活动的必要条件的社会关系反过来形成了一种支配个人的强制力量，约束个人的自由活动。在分工的条件下，社会关系必然变成某种独立的事物，反过来决定和管制着个人。

第四，分工扩大了人类掌握外部世界的本质力量以及扩大了生产力，从而也为人类创造了更加丰富多彩的积极成果。然而，在阶级对抗和私有制条件下，这种力量已经不再是个人的力量，而演变成私有制的力量。因此，由分工产生的积极成果也往往成了被私有者占有的成果，这导致了广大的劳动者与自己创造的成果相分离，他们变成了丧失了一切现实生活内容的抽象的个人与偶然的个人。也就是说，对绝大多数人来说，人对外部世界掌握和扩展不但没有带来主体力量和能力的增长，反而导致主体力量的日益缺乏。

合作是人类在实践活动中相互作用的一种基础形式。合作是人们为实现共同目的、各自利益而进行的互相协调的活动，也是为了共享利益而在行动上相互配合的过程。人是相互合作的群体，如若没有合作，就不会有社会的存在和发展，更没有个体或群体的生存和发展进程。在人类实践活动中，当个体或群体依靠自身的力量不能达到特定目标时，就需要相互配合协调，共同采取行动，从而形成合作。

合作的形式多种多样。从合作的范围来看，可分为广义合作与狭义合作。广义合作是指人们通过经济活动的交流往来以及利益交换连成一体进而结成合作伙伴关系。它使个体或群体都有可能获得能力，这既给人们的生产和生活带来效率，也使人的社会性得以完善和发展。狭义合作是指具体的合作及有明确合作目标的合作，即合作者之间为了一定目的而配合支持、相互协调、援助等结成的合作关系。按合作的层次来划分，可分为简单合作与复杂合作。简单合作是合作内容与过程简单的合作，通常主要是指日常生活层面。复杂合作是合作内容与过程较为复杂的合作，主要涉及经济、政治、文化、科技、军事等领域；按合作的内容来分，可分为经济合作、政治合作、科技合作、文化合作、军事合作等；按合作的性质来分，可分为正义的合作与非正义的合作。正义的合作是符合历史发展要求和社会共同利益的合理合法的合作。非正义的合作是指那些危害社会公共利益和对人类和平与发展起破坏作用的非法的合作。正义的合作既有利于合作者，也有利于社会。虽然非正义的合作一时有利于合作者，但从长远来看不利于社会，甚至存在巨大的社会危害。因此，反对不正义的合作进而支持正义的合作，是社会成员的社会责任和义务。

人们如若要满足自身多样性需要就必须相互交换各自掌握的成果。因为只有通过人们之间对掌握成果的交换，大家才能各取所需，才能满足多样性需要。黑格尔曾指出："技能和手段的这种抽象化使人们之间的满足其他需要上的依赖性和相互关系得以完成,并使之成为一种完全的必然性。"[1]在分工的条件下,人们不可能一个人独立地自己满足自身的全部需要。分工意味着不同地掌握外部世界的活动领域在不同的个体中所进行的分配,也意味着"目的—手段"两者关系在不同个体中的分配。在这种情况下,一方需要的满足必须而且也可以通过另一个人的产品来实现。反之,一方能生产出另一方所需要的物质与精神产品。因此,人们为了满足自己的多样性需要,就不得不互相依存,不得不发生各种各样的交往与交换。

在劳动分工出现后,与专业化生产相适应的是为了满足不同个人和部门的需要,不同分工的部门和个人之间势必需要通力合作。这种合作主要在两个层面上展开:一种是社会分工层面上的合作,另一种是企业内部的分工协作。劳动的社会分工是指各种专门的劳动分别生产不同的产品,它们之间只有通过商品交换才能发生联系。企业内部分工则是在生产同一种商品的劳动过程内部实行的专门化分工生产,其特点在于它们之间的联系不需通过商品交换。企业内部分工的发展又会使某种特殊的劳动发展为独立的生产部门,扩大了社会分工,由行业与产品的专业化进一步发展出零部件生产的专业化和工艺的专业化甚至服务的专业化对于社会分工层面上的合作,其核心就在于交换。通过交换,不同的部门和个人之间可以互通有无,各自达到效用最大化的目的。分工是生产的基本形式,而分工的必然环节是通过交换达成合作,是分工的物质存在,是不同体系需要的劳动的物化。倘若没有分工,无论这种情况是自然发生抑或本身已经是历史的结果,也就没有交换。

分工体系之中蕴含着交换的必然性。据此,交换的前提是:第一,不同的劳动产品存在不同的劳动过程。第二,不同的劳动过程由不同的劳动者承担,不同的劳动产品由不同的劳动者支配。第三,不同的劳动者仅凭自己的劳动不可能满足自己的需要。分工是形成上述内容的前提。这是因为,首先,名目繁多的社会劳动导致需要的劳动能力也是多种多样,只有多种活动

---

[1] 黑格尔.法哲学原理[M].北京:商务印书馆,1961:210.

和能力的交换，才能在本质上组成生产活动。其次，有的人从事消费资料的生产，有的人从事生产资料的生产，有的人提供劳动服务，而制造机器的人不可能以机器为食，做面包的人不可能用面包当作再生产的机器，劳动服务者当然也不会食用自己的无形产品。所以，劳动者必须把自己的劳动当作一定的有用劳动，以此来满足一定的社会需求，并以此证明它是社会总劳动的一部分。最后，劳动应服从社会内部的分工，没有其他部分的劳动这种劳动就不能存在，而这种劳动之所以必需，又是为了补充其他部分的劳动。

对于企业内部分工层面上的合作，更多的是由企业的管理者通过直接的命令加以控制，在这其中，管理者的才能与智慧对于企业内部的分工协作与效率的高低具有重要的作用。但也应该注意到，在企业内部的生产流程的制度设计与管理上，要想达到更高的生产效率，企业管理者就不能仅凭借自身主观意志任意地对流程加以设计，必须尽可能多地考虑到所生产产品的物理和化学的特性，依据其特性合理地安排工作流程。例如，在生产手表表壳时要经过切削、抛光、电镀三道工序，倘若不依照这种工序来安排生产，无疑会造成资源的浪费。

特别需要指出的是，分工和合作的关系是辩证统一的关系，是一个事物的两个方面。在人类社会出现分工以后，合作，特别是通过交换而进行的社会合作与通过行政命令而进行的企业或组织的内部合作就成为必然。分工同时也就意味着合作。没有许多人的合作，微不足道的个人不可能完成即使是最简单的产品的供给，更不用说复杂的生活享受了。这就是说，分工的出现有利于个体，增进了社会的共同利益，增进了个人与他人以及个人与社会之间的相关联系。劳动是供给人类每年消费的一切生活必需品与便利品的源泉。财富的源泉既来源于劳动，也在于形成分工的劳动。一国国民在分工劳动的前提下，每种产品都是诸多劳动者联合劳动的产物。以一件羊毛上衣的制造过程为例，必须有牧羊人、剪羊毛人、染工、粗疏工、纺工、织工、漂白工、裁缝等许多人的联合劳动。因此，从具体的劳动过程来看，每种产品的制作过程就是掌握不同技术的劳动者在不同的生产阶段进行着的个别劳动的过程总和，即劳动分工的过程；但从产品角度看，处于不同阶段的具体劳动的质的规定性消亡了。如衣服无非是许多劳动者共同劳动的产物，即它是合作的结果。衣服既是直接劳动的产物，也是间接劳动的产物。社会分工的存在，可以让每个劳动者自己劳动生产的物品只能满足自己的一小部分需求，大部分消费品的获得要依靠和他人自动进行交换而取得，即商品交换。因此，商业社会中的劳动者，实质上是依靠社会去劳动，客观上也是为社会而劳动。这就是说，分工合作打破了小农经济个体劳动的独立性，大大增强了相互的依赖性。每个劳动者除了生产满足自身需要的产品外还有大量的剩余产品可以出卖，分工促进了社会的普遍富裕。分工也使得各行业的产量大增，各劳动者都能以自身生产的大量产品，换得其他劳动者的大量产品。这就使得整个社会的产品得到了充分的供给，进而实现社会各阶级普遍富裕。同时，分工也促进了生产力的发展，提高了个人能力。分工具有多种功能和作用，最重要的目的——分工是提高劳动生产率，增加国民财富的主要途径，它既是价值和剩余价值的源泉，也是推动民族文明的主要动力。由于分工，劳动者可以专门从事某项操作，这就可以提高他们的熟练程度，增进他们的技巧，避免他们由一种工作转到另一种工作所造成的时间上的损失。同时，他们也比较容易改进操作方法，新发明的机器不但提高了工厂的生产力，而且也提高了社会生产力，促进了科学文化的进步。脑力劳动的分工也像产业分工一样，增进了技巧，节省了时间。建立在分工基础上的交换，也是社会成果向个体转化的过程。从一定意义上讲，个体掌握外部世界的活动不是为了个体自身的占有和享用，而是为了满足社会总体需求，即满足社会其他成员的生产生活需要。因为只有当个体掌握外部世界的活动所创造的成果转化为社会产品进而转移到一系列人群的手中时，才能使自身的个人活动转化为社会活动，才能实现其价值。反之，如果他的活动不能社会化，就不能满足社会总体需要和社会其他成员的生产活动需要，即他掌握外部世界的活动就是无用和无价值的。个体掌握外部世界活动及其成果的社会化，是由分工地掌握着外部世界的人们实现其相互依靠的一个方面，另一方面则表现为社会总体成果的个体化。如果说个体成果的社会化是为了使他人分享其掌握外部世界的积极成果，那么，社会成果的个体化则是个体去分享社会总体和他人掌握外部世界的积极成果，是个体依赖于他人和社会总体掌握外部世界的活动来满足自身多方面需要的一种表现。

总之，有分工地掌握外部世界的人们通过彼此间能量、物质、信息以及情感等方面的交流与交换，才能享用与消化能够满足自身各种需要的分工所掌握的成果，包括历史积累与遗传下来的凝结着全体成员集体智慧、力量和价值的文化成果，并转化为自己生活的一部分，成为自己的无机身体与精神无机界，从而不但使自己的各种需要普遍地得到满足，也因他人的体力成为自己体力的延伸和他人的知识以及智慧成为自己智力的扩充，从而使自己的本质力量和内部构造——动力世界也普遍得到了发展、增长以及强化。通过对外部世界的有分工的掌握和掌握的成果横向的人际、族际、国际的交换和交往，通过纵向的代际的历史传承和发展，人类掌握外部世界的积极成果就能固定并延续下去，人们才能在越来越广阔和越来越深入的层面上扩大以及拓深对外部世界的掌握，从而不断地扩大延展着人类赖以生活的外部世界的范围。

五、经济与伦理的研究意义——功利与道义

"义""利"关系问题一直以来都是人们关注的焦点，这也是经济伦理研究的核心所在。虽然不同时代人们对其有不同的理解，但每个时代都涉及了道德与利益、个人利益与整体利益、物质利益与精神利益的关系问题。从概念上来看，"义"与"利"互为补充，社会生活中的个体离不开利益问题，而在利益选择时又涉及规范问题，因此必然会产生以何种义利观为指导的问题。

功利一词，原义为功效、效用、效益等。它以个体本位和个人主义为出发点，指出，人类行为的基础是个人利益，人的本性是趋乐避苦，衡量行为善恶的根本标准是能否满足个人利益。通俗地讲，功利是指人的行为结果给

行为人和相关者带来的好处。当代美国道德哲学家弗兰克纳给功利下了一个明确的定义，他说："功利原则十分严格地指出，我们做一件事情所寻求的，总的说来，就是善（或利）超过恶（或害）的可能最大余额（或者恶超过善的最小差额）。""这里的'善'与'恶'，是指非道德意义上的善与恶。"① 功利又分行为功利和规则功利。所谓行为功利，就是指不依据规则，而仅根据眼前的情况来决定行为，只要它能够带来好的效果便是道德的。规则功利是依据规则能够带来好的结果的行为就是道德行为。

边沁与密尔是功利论的主要代表人物，其功利思想的基本观点可概括为三个原则：一是"最大幸福"原则。边沁解释说："这个原则讲的是凡是利益攸关的人们的最大幸福，这种幸福是人类行为（各种情况下的人类行为，特别是执行政府职权的一个或一批官员的行为）的正确适当的目标，并且是唯一正确适当并为人们普遍欲求的目标。"② 约翰·穆勒进一步改造了边沁的解释，将幸福之"最大值"内涵由单纯的数量（享受幸福的总量和总人数），推进到幸福的质量计算上。但他同样坚持这一原则的基础性，他指出："承认功用为道德基础的信条，换言之，最大幸福主义，主张行为的是与他增进幸福的倾向为比例，行为的非与它产生的不幸福的倾向为比例。"③ 二是效果原则。他们认为评价一种行为，要视行为的结果而定，倘若行为结果能增加当事人的幸福与快乐，那这种行为就是道德的，就应该予以肯定。这就是说，行为的结果是道德价值评价的最终依据。三是以个人利益与幸福为基础的共同幸福原则。他们主张以个人利益与幸福作为人类行为的基础，同时强调自我与他人、个人与社会的利益协调、共享以及幸福、利益和总量增殖。

从以上可以看到，功利主义提倡以个人利益以及个人幸福作为人类行为的基础，但它同时也强调个人利益同社会利益、他人利益相协调，因而不能

---

① 威廉·K.弗兰克纳.善的求索——道德哲学导论[M].沈阳：辽宁人民出版社，1987：73.
② 周辅成.西方伦理学名著选辑（下卷）[M].北京：商务印书馆，1987：211.
③ 约翰·穆勒.功利主义[M].北京：商务印书馆，1957：7.

简单地将功利等同于私利，将功利主义等同于利己主义。对于经济的发展，客观来看，功利主义具有重大的促进作用。

第一，功利原则所肯定的追求个人利益的合理性，在市场经济条件下对于调动广大劳动者的积极性有着积极意义。在封建社会里，以道德压制人的物欲，使个人合理与正当的利益、需求受到压制而得不到满足；而在极"左"思想盛行时代，则以抽象的"集体"和"社会"湮没了个人，否定个人利益需求的合理性，因而阻碍人的积极性的发挥。而功利原则肯定了个人利益与需求的合理性，确认个性自由、个人独立、个人成功和个人幸福等个人价值的合理地位，这就有利于打破那些阻碍人们"自由进出市场"和积极进取的不必要的旧道德限制，为个体进入市场发挥作用提供了必要的伦理支持，这既有利于发挥与调动广大劳动者的积极性和创造性，也有利于社会生产力的发展。

第二，功利原则注重行为的实际效果，它把行为所产生的实际效果和预期效果作为最高道德目标，这对于客观地评价人们的行为具有积极意义。如何评价人们的行为，在传统社会里存在一种倾向，对一个人的评价，非常看重他的语言、承诺，却很少关注他的实际行为所产生的结果，以致产生了一批满口谈圣贤、心性，不付诸行动的"空谈家"。功利原则注重行为的实际效果，与经济活动注重获取最大利益、追求最高效率具有很强的一致性，可以看出，利益原则是经济的首要原则，这与实际效果是功利原则的重要原则一样，两者具有内在的价值同构性。因此，功利原则注重行为实际效果，对于克服"空谈"、崇尚实际具有重要意义。不过在提倡功利原则时，也要克服功利主义只顾实际效果，不管动机、目的的局限性，要把动机、目的同行为效果结合起来，把"三个有利于"作为市场经济条件下人们行为的价值目标与评价标准。

功利主义伦理的基本精神将道德评价的标准从个人利己转向"最大多数人的最大幸福"，虽不具备实质性原则变革的意义，但形式上却较前诸利己学说有较高的社会普遍性和理论合理性，这与突出社会大工业化总体效益的特征变化是相对应的。功利主义代表的是自由个体资本充分发展后要求联合并求得大工业化发展的社会伦理真实需要，它并未背离作为西方现代价值核心和精神支柱的个人主义自由平等原则，但对整个社会的多元化价值取向的整合愿望给予了恰当表达，理论上更为成熟和完备。

与功利论不同，道义论主张人的行为是否道德，不应以行为的结果来判断，而应以行为本身和行为依据的原则，即行为动机正确与否进行判断。凡行为本身是正确的，或行为依据的原则是正确的，不论结果如何都是道德的。正如弗兰克纳所说："道义论主张，除了行为或规则效果的善恶之外，还有其他可以使一个行为或规则成为正当的或应该遵循的理由——这就是行为本身的某种特征，而不是它所实现的价值。"①

道义亦可分为行为道义和规则道义。所谓行为道义，就是指它不注重是否有规则，只要行为本身是合乎道德的，那么行为就是正当的。所谓规则道义，则是说行为遵循的规则必须是合乎道德的，否则便不是道德行为。道义有三个特征：一是注意行为本身或思想、动机（即行为依据的原则），不关心思想、行为的后果。二是不计算、不考虑思想与行为的后果对自己会怎么样。三是道义不是立足于个人的利，而是立足于全社会大众的长远的根本的利益。

传统儒家义利观一方面确立了正确地解决义利关系的基本原则，强调了以义为准，以义制利；另一方面，这种义在一定程度上包含了人民和整个社会发展的利益。此外，它重视人的精神价值和道德价值，并为人摆脱物的奴役、确立主体地位提供了依据和正确途径。

同西方的道义论在形式上有所类似，道德至上是历史上传统社会主导性传统文化的基本特点，这已经是学术界的共识。所谓道德至上，是指在传统社会，道德在社会生活中被看作至高无上的价值，它比人的人性、生命、物质生活、政治、法律、军事、宗教、文艺等都重要；道德判断成为对人对事

---

① 威廉·K.弗兰克纳.善的求索——道德哲学导论[M].沈阳：辽宁人民出版社，1987：31.

的最高判断；道德活动是人最重要的生命活动，道德规范成为衡量社会活动和个人行为的最高标准。显而易见，这种道德至上观是不真实的、非科学的历史唯心主义。道德作为一种思想关系，在社会生活中只能处于第二位，它要受到经济关系及经济生活状况的制约；它与法律、政治、宗教、军事、文艺等社会上层建筑、意识形态是形成一种相互制约、交互作用的关系，而非决定与被决定的关系。这种非科学的观念之所以能在传统社会中存在，在民众方面，是出于"趋善"的善良愿望，把道德看作太平日子的庇护神；在统治阶级内部，则是为了满足其以德治国、平天下的政治需要，使其统治长治久安，因为"得人心者得天下"。然而，在义利关系上，道德不可能完全超越物质利益而成为至高无上的价值（特别是对广大民众而言），这就使得历史上统治阶级采取各种手段大力宣扬的道德至上，只具有了某种纯形式化的"说说而已"的性质。

需要特别指出的是，现实生活中的义与利是相互依存，互为补充的。在现实生活中，没有纯粹的义，也没有纯粹的利。对于人类的生存和繁衍来说，利永远是一个基础，没有物质利益的满足，人类就会失去生命的根基。但是，人类的理性本质又决定着对物质利益的追求必须放弃掠夺性的方式，必须顾及当下与未来的关系。这就意味着人们须用文明的方式求得对利的索取，保持在义与利之间的适度张力。要利用与重视传统的道德资源，吸收西方近代科学的理性精神，构建起"义利两全"学说。这一学说的主要内容：一是工商业乃富国之本，发展实业是使国家走向富强的必由之路和基础。二是对财富的追求与对人格的完美追求并不相悖。财富是人们乐善好施、济贫救急的物质基础，是人们"为圣"的基础，而"为圣"即成就圣贤人格，是既具人性论意义而又超越价值的追求。三是企业应当以正当的手段，严格遵循职业道德来获取利润，正如《论语》中所说的"富与贵，是人之所欲也，不以其道得之，不处也"。也就是说，不合于正道的富贵，毋宁处于贫的好；如果是本着正道而得到的富贵，则安之无妨。四是致富后应当着力于公益事业的建设。企业经营者的财富并非来自其一人之力，而是依托于整个社会。

所以，企业效益颇丰时，就更不应忘记回报社会。索取财富的另一面应当顾及社会的恩谊，不忘记对社会尽到道德上的义务。

在资本主义发展的早期，或者是在资本主义经济、政治、法律体系不太完善的领域，都曾盛行过以钱谋取私利的现象，这种现象无益于资本主义正常秩序的形成和发展。其实，真正对近代资本主义形成和发展有所贡献的企业家，往往是具有良好的伦理素质，又具有远见卓识，能忍耐、自制力强的人，这样才能维持资本主义秩序的正常运转。不受任何道德规范约束地谋取或挥霍财富，无益于近代资本主义的形成和发展。因而，在近代资本主义的形成与发展时期，不仅出现了与国家权力的结盟，也出现了与宗教和道德力量的结盟。在西欧与北美，近代资本主义生成和发展结盟的宗教力量是新教伦理，马克斯·韦伯的新教伦理所体现的资本主义精神主张生活准则应该合乎伦理道德，并且能够以合理主义精神来运用资本进行经营。但马克斯·韦伯认为儒家学说与资本主义精神无缘的观点却在涩泽荣一那里被推翻。作为新教伦理生活准则的"入世禁欲主义"是源于上帝的绝对命令，克勤克俭、诚信不欺、严守规则、合理运用财富则均是上帝指定的生活方式，并被视为美德。涩泽荣一的"义利合一"说所确定的生产生活方式与新教伦理相似，但与新教伦理不同的是，这一切均是出自公益的现世需要和"为仁"的人伦道德追求。

总之，从辩证唯物主义角度来看，义和利是人类社会实践活动中不可或缺的两个方面。义是人的行为活动所应当遵循、追求和蕴含的具有超功利色彩的原则和标准，是保持和实现人类所独有的尊严和价值，以及人类区别于动物的一个十分重要的方面。人之所以为人并不仅是因为人有对利的追求，还在于人有理性和道德，亦如何和怎样去满足这些利的要求。人类通过义来调整内部的物质利益关系，维护根本的利益关系，从而形成巨大的整体力量；而利则是人类生存和发展的必要条件，离开利，人类的活动毫无价值，人类也将不复存在。可见，义和利是人类社会实践的两个方面，利是目的、过程和结果，义则是目的形成、过程进行和结果享用所应当遵守的规则。

六、经济与伦理的研究热点——公利与私利

政府在市场经济条件下的职能就是其公共性,就是通过供给公共物品为公共利益服务。受到政府经济调控的对象主要是人与人、阶层与阶层、区域与区域、区域与国家之间的诸多利益关系,其中蕴含着诸多经济伦理问题。这是因为,政府也是由诸多具有主观意志的人所组成,一定会受到伦理规范的影响。所以,其发挥"看得见的手"和"看不见的手"的作用,都有其自身的缺陷,需要伦理来引导和弥补。从经济伦理学科来看,政府如何提升在宏观经济层面的素质就成为重点和难点问题。

政府经济职能的伦理意义表现为公共性与私利性的矛盾,政府的公共性就是要发挥其经济职能,所遵循的价值准则就是要反映符合社会整体利益的公平正义,在程序与手段上的公共性就表现为公开、透明、民主、公正、责任等,并成为支撑经济社会发展的强有力方式。所以,政府经济职能的公共性问题,只有放到"政府—社会利益—公民"的关系结构中去考察,才可以获得较为全面的解答。自利性则是指政府从业人员是人之为人普遍存在的欲望、需要和动机,它是个体生存与发展的必要条件。

政府从业人员的自利性或自利意识源于个体生存与自保的基本需求,是人普遍存在的欲望、需要和原始动机,就是指经济利益、政治利益与文化需求,它存在两种发展趋势:一种是表现为个体的正当利益;另一种是发展为自私、利己等非正当利益。前者在伦理上被社会利益所肯定,亦是社会整体利益的最终体现和落实,属于个人正当利益。自私则是指一些个体仅着眼于个人的欲望和需要的满足,其行为必然损害他人利益和社会整体利益,甚至触犯法律底线。特别是在权力制约有缺陷的条件下,不断膨胀的个人需要,有可能将公权变为私权,成为谋一己私利的工具。

作为履行经济管理职责的政府官员,他们是"公共人"与"自利人"的统一体。就其地位与职能来看,他们应该也必须成为"公共人",成为承担其"公共人"的职责和使命、具有公共道德精神的执业者。个人利益与社会

利益是辩证关系，政府从业人员不管地位有多高，应该承认自身的个人利益，并且应该通过制度设计，激励他们为公共利益谋更大福利。"政府代表人民的利益，政府组织成员本身也是人民的一部分，政府的自利性是公利性的一个组成部分，具有从属性。一旦政府的自利与社会的公利相冲突时，政府的自利必须服从全社会的公利，不能将政府的自利置于公利之上。"[1]

---

[1] 金大军，张劲松.政府的公利性与政府的自利性[EB/OL].中国农村研究网，2003-06-04. https://m.doc88.com/p-4085663319351.html?r=1#.

第四章 西方经济伦理思想

在西方，有关经济行为和道德行为关系的研究一直备受学界青睐，形成了众多学派和观点，也积累了诸多经验。时至今日，在西方历史上关于经济伦理的诸多观点依然是人们争论的焦点所在。然而，这些焦点都聚焦于如何利用经济运行规律和非经济因素来消弭经济和道德间的对立。

随着资本主义市场经济的不断变化而孕育出在不同时代背景下经济行为与道德行为之间错综复杂的关系，尤其是在近代以来资本主义经济关系不断完善后，经济道德领域内的问题越发凸显，自私、欺诈、贪婪等丑恶行径肆意妄为，人类为此付出了惨重的道德代价。与此同时，现代市场经济运行规则建立与完善，经济道德也在客观上取得了巨大的进步并深刻地表现为经济伦理研究的日益深入。

第一节 亚当·斯密与大卫·李嘉图经济伦理思想

一、亚当·斯密经济伦理思想

1723年6月5日，亚当·斯密出生于苏格兰法夫郡一个只有1500人左右的小镇柯卡尔迪。斯密幼年时聪明好学，他14岁就进入了格拉斯哥大学，主修希腊语、拉丁语、数学和道德哲学。在格拉斯哥学习期间，斯密受哲学教授弗兰西斯·哈奇森的自由主义精神影响最大。1740年，斯密进入牛津大学学习，并获得了奖学金。1746年他毕业后回到故乡柯卡尔迪。1748年，斯密在爱丁堡大学担任讲师，主讲英国文学，几年后开始讲授经济学课程。1751年，斯密回到母校格拉斯哥任教，主讲道德哲学和逻辑学。在格拉斯哥大学任职期间，斯密公开发表经济自由主义的主张，逐渐形成了自己的经济学观点。1759年，斯密的第一部著作《道德情操论》出版。1764年，斯密受布克莱公爵之邀，离开格拉斯哥大学来到欧洲大陆游历。旅行的经历以及在旅行过程中同诸多学者的交往，促使斯密经济理论逐渐走向成熟，尤其是重农主义的经济学家魁奈对他影响最大。3年后，斯密回到伦敦，被选为英国皇家学会会员。他为了完成自己的研究工作，又回到故乡柯卡尔迪，并开始潜心撰写经济学著作。1776年，几经修改的经济学著作《国民财富的性质和原因的研究》（即《国富论》）历时6年终于完成，标志着古典自由主义经济学的正式诞生。

斯密指出，市场经济条件下人们首要的工作是生存与发展，因此必须适应时代要求，需要追逐和实现个人利益。具体来讲，在经济领域中，人们参与经济活动的动力来源于自身的利己性。经济领域中的人性利己就等于追求自身短期经济利益。然而，经济利益的实现需要同伴的协助。原因在于，协助能够保证双方利益得以实现。斯密提出，人们在交易中，"请给我以我所要的东西吧，同时，你也可以获得你所要的东西：这句话是交易的通义。我们所需要的相互帮忙，大部是依照这个方法取得的。我们每天所需的食料和饮料，不是出自屠夫、酿酒家或烙面师的恩惠，而是出于他们自利的打算"[①]。只有各自出于经济私利才能保证互利的实现。

此问题涉及两个方面的内容，一是"经济人"有自利性。斯密指出，人的自利性驱使人的行为，"我们每天所需的食料和饮料，不是出自屠户、酿酒家或烙面师的恩惠，而是出于他们自利的打算。我们不说唤起他们利

---

① 亚当·斯密.国民财富的性质和原因的研究（上卷）[M].北京：商务印书馆，1994：13-14.

他心的话,而是唤起他们利己心的话。我不说自己有需要,而说对他们有利。"① 因为,"每个人首先和主要关心的是他自己。无论在哪一个方面,每个人当然比他人更适宜和更能关心自己"②。二是"经济人"有利他性。斯密认为,"经济人"想要实现个人利益最大化,需要摒弃零和博弈的思维方式,努力保证双方互利双赢。

如何保证各自利益及他人利益?斯密指出,要通过社会分工交换来实现此目标。"分工一经完全确立,一个人自己劳动的生产物,便只能满足自己欲望的极小部分。他的大部分欲望,须用自己消费不了的剩余部分来满足。于是,一切人都要依赖交换而生活,或者说,在一定程度上,一切人都成为商人,而社会本身,严格地说,也成为商业社会。劳动生产力上最大的增进,以及运用劳动时所表现的更大的熟练、技巧和判断力,似乎都是分工的结果。""使各种职业家的才能形成极显著的差异的,是交换的倾向;使这种差异成为有用的也是这个倾向。"③"当初产生分工的冲动正是人类要求互相交换这个倾向。例如,在狩猎或游牧民族中,善于制造弓矢的人常拿自己制成的弓矢与他人交换家畜或兽肉。慢慢地,他发现与其亲自到野外捕猎,不如与猎人交换更方便,这样他便成为武器制造者。""这样一来,人人都能够把自己消费不了的自己劳动生产物的剩余部分,换得自己所需要的别人劳动生产物的剩余部分。这样就可以鼓励大家各自投身于一种特定业务,使他们在各自的业务上,磨炼和发挥各自的天赋资质或才能。"④ 此外,斯密认为,政府是无效的,"每个人改善自身境况的一致的、经常的、不断的努力是社会财富、国民财富以及私人财富所赖以产生的重大因素。这不断的努力常常强大得足以战胜政府的浪费,足以挽救行政上的大错误,使事情趋于改良"。他还认为,"有些富翁简直是室满奴婢,厩满犬马,大吃大用地花。

---

① 亚当·斯密.国富论(上卷)[M].北京:商务印书馆,1972:14.
② 亚当·斯密.道德情操论[M].北京:商务印书馆,1997:282.
③ 亚当·斯密.国富论(上卷)[M].北京:商务印书馆,1972:15.
④ 亚当·斯密.国富论(上卷)[M].北京:商务印书馆,1974:14-15.

有些宁愿食事俭约、奴婢减少，却修饰庄园、整饬别墅、频兴建筑，广置有用的或专作为装饰的家具、书籍图画等。有些却明珰璎珞、灼烁满前。还有些则有如前数年逝世的某大王的宠臣，衣服满箱、锦绣满床。"[1]尽管斯密反对国家干预经济，但并没有否定政府的作用，而是鲜明提出了"不干涉主义"。"按照自然自由的制度，君主只有三个应尽的义务——这三个义务虽很重要，但都是一般人所能理解的。第一，保护社会，使之不受其他独立社会的侵犯。第二，尽可能保护社会上每个人，使其不受社会上任何其他人的侵害或压迫，这就是说，要设立严正的司法机关。第三，建设并维持某些公共事业及某些公共设施（其建设与维持绝不是为着任何个人或任何少数人的利益），这种事业与设施，在由大社会经营时，其利润常能补偿所费而有余，但若由个人或少数人经营，就决不能补偿所费。"[2]斯密提出了著名的"一只看不见的手"理论。"在这场合，像在其他许多场合一样，他受着一只看不见的手的指导，去尽力达到一个并非他本意想要达到的目的。也并不因为事非出于本意，就对社会有害。他追求自己的利益，往往使他能比在真正出于本意的情况下更有效地促进社会的利益。"

斯密在论述"一只看不见的手"时专门指出了经济领域道德行为的重要性。他指出，人类的本性是自私自利，这是驱使人们从事经济活动的根本动力来源。"一只看不见的手"是富人与穷人分享生产品消费的重要原因。斯密指出，富人尽管他们的天性是自私和贪婪的，虽然他们只图自己方便，虽然他们雇用千百人来为自己劳动的唯一目的是满足自己无聊而又贪得无厌的欲望，但是他们还是同穷人一样分享他们所作的一切改良的成果。"一只看不见的手"引导他们对生活必需品做出几乎同土地在平均分配给全体居民的情况下所能做出的一样的分配，从而不知不觉地增进了社会利益，并为不断增多的人口提供生活资料。

---

[1] 亚当·斯密. 国富论（上卷）[M]. 北京：商务印书馆，1974：319.
[2] 亚当·斯密. 国富论（下卷）[M]. 北京：商务印书馆，1974：252-253.

在《道德情操论》中，斯密将经济领域和道德领域中人的行为分离，自然而然地也将道德与经济两个领域中利己、利他区分开来。经济自由主义认为，市场可以通过"看不见的手"将个人利益和社会利益有机统一起来，两者相统一后的形态就是经济道德，这体现了社会历史进步。"只有在一个有凝聚力和道德约束的社会中，个人对自我利益的追逐才会同时为公众利益服务。斯密认为，只有在这种情况下，社会合作和凝聚力才会为追逐个人利益的冲动所进一步加强。"[①] 通过上述分析可以看出，斯密经济自由主义本质上就是功利主义，其理论基点就是"人性论"。

第一，有关同情心。斯密指出，无论人们认为某人怎样自私，这个人的天赋中总是明显地存在这样一些本性，这些本性使他关心别人的命运，把别人的幸福看成自己的事情，虽然他除了看到别人幸福而感到高兴以外，一无所得。这种本性就是怜悯或同情，就是当我们看到或逼真地想象到他人的不幸遭遇时所产生的感情。这种感情同人性中所有其他的原始感情一样，绝不只是品行高尚的人才具备，虽然他们在这方面的感受可能最敏锐。最大的恶棍，极其严重地违犯社会法律的人，也不全然丧失同情心。"因此，正是这种多同情别人的少同情自己的感情，正是这种抑制自私和乐善好施的感情，构成尽善尽美的人性；唯有这样才能使人与人之间的情感和激情协调一致，在这中间存在着人类的全部情理和礼貌。"[②]

第二，有关仁慈。斯密指出，仁慈总是不受约束的，它不能以力相逼。仅仅是缺乏仁慈并不会受到惩罚，因为这并不会导致真正确实的罪恶。"我们认为仁慈和慷慨的行为应该施予仁慈和慷慨的人。我们认为，那些心里从来不能容纳仁慈感情的人，也不能得到其同胞的感情，而只能像生活在广漠的沙漠中那样生活在一个无人关心或问候的社会之中。"同时，仁慈还具有一种至高无上的和支配一切的品质，所有其他的品质都处于从属的地位，也

---

① 理查德·布隆克. 质疑自由市场经济[M]. 南京：江苏人民出版社，2000：260.
② 亚当·斯密. 道德情操论[M]. 北京：商务印书馆，1997：25.

"只有仁慈才能为任何一种行为打上美德这种品质的印记,因此,由于仁慈是唯一能使任何行为具有美德品质的动机,所以,某种行为所显示的仁慈感情越是浓厚,这种行为得到的赞扬必然就越多"[1]。

第三,有关自爱。斯密指出,毫无疑问,每个人生来首先和主要关心自己,而且,因为他比任何其他人都更适合关心自己,所以他如果这样做的话是恰当和正确的。虽然对他来说,自己的幸福可能比世界上所有其他人的幸福重要,但对其他任何一个人来说并不比别人的幸福重要。因此,虽然每个人心里确实必然宁爱自己而不爱别人,但是他不敢在人们面前采取这种态度,公开承认自己是按这一原则行事的。"那么,在这种场合,同在其他一切场合一样,他一定会收敛起这种自爱的傲慢之心,并把它压抑到别人能够赞同的程度。他们会迁就这种自爱的傲慢之心,以致允许他比关心别人的幸福更多地关心自己的幸福,更加热切地追求自己的幸福。"[2] "自爱是一种从来不会在某种程度上或某一方面成为美德的节操。它一妨害众人的利益,就成为一种罪恶。当它除了使个人关心自己的幸福之外并没有别的什么后果时,它只是一种无害的品质,虽然它不应该得到称赞,但也不应该受到责备。人们所做的那些仁慈行为,虽然具有根源于自私自利的强烈动机,但因此而更具美德。这些行为表明了仁慈原则的力量和活力。"因此,"完美的品德,存在于指导我们的全部行动以增进最大可能的利益的过程中,存在于使所有较低级的感情服从于对人类普遍幸福的追求这种做法之中,存在于只把个人看成芸芸众生之一,认为个人的幸福只有在不违反或有助于全体的幸福时才能去追求的看法之中"[3]。

---

[1] 亚当·斯密.道德情操论[M].北京:商务印书馆,1997:101.
[2] 亚当·斯密.道德情操论[M].北京:商务印书馆,1997:102.
[3] 亚当·斯密.道德情操论[M].北京:商务印书馆,1997:399.

二、大卫·李嘉图经济伦理思想

作为英国古典政治经济学的主要代表之一，大卫·李嘉图是英国古典政治经济学的完成者。李嘉图早期是交易所的证券经纪人，后受亚当·斯密所著《国富论》一书的影响，激发了他对经济学研究的兴趣，其研究的领域主要包括货币和价格，以及税收问题。李嘉图的主要经济学代表作是1817年完成的《政治经济学及赋税原理》。在书中，他阐述了著名的税收理论。实践上，1819年他曾被选为上院议员并极力主张议会改革，支持自由贸易，践行其税收理论。李嘉图继承并发展了斯密的自由主义经济理论。他认为，增长经济的最好办法是限制政府的活动范围、减轻税收负担。李嘉图以边沁的功利主义为出发点，建立以劳动价值论为基础，以分配论为核心的理论体系。他的理论继承了斯密理论中的科学因素，肯定了商品价值由生产中所耗费的劳动所决定的理论并在此基础上批评了斯密价值论中的错误。他提出社会必要劳动是决定价值的劳动，决定商品价值的不仅有活劳动，还有投入在生产资料中的劳动。他指出，全部价值由劳动产生并在三个阶级间进行分配：工资由工人的必要生活资料的价值决定，利润是工资以上的余额，地租是工资和利润以上的余额。由此说明了工资与利润、利润与地租的对立，从而实际上揭示了无产阶级与资产阶级、资产阶级与地主阶级之间的对立。他还论述了货币流通量的规律、对外贸易中的比较成本学说等理论。然而，他把资本主义制度看作永恒的制度，则只注意到了经济范畴的数量关系，没有在方法论上观察到其又有形而上学的缺陷，因此不能在价值规律基础上说明资本与劳动的交换、等量资本获得等量利润等问题，这两大难题最终导致李嘉图理论体系的解体。但是，他的理论达到了资产阶级界限内的高峰，对后世的经济思想有着重大的影响。

李嘉图认为，人类的需求和欲望具有无限性，每个人都是在日常经济生活中满足自身和他人的需要。所以，社会个体利益和社会整体利益具有一致性，其关键在于经济自由主义的实现。他指出："在商业完全自由的制度下，各国都必然把它的资本劳动用在最有利于本国的用途上。这种个体利益的追求很好地和整体的普遍幸福结合在一起。"①李嘉图的主要贡献在于，他发现了个人对利益的追求会在很大程度上促进社会公共利益。一切符合社会生产力发展的行为都是合乎道德规范的、正确的准则，即使牺牲部分个人与群体的利益也在所不惜。

李嘉图的经济思想建立在个人功利主义的基础上。他认为，"众多的个人结合成整体，个人利益的追逐构成人们对社会利益的追逐原动力。这种共同利益是以最大多数人的最高幸福原则为基础，在政治范围内提出了平等、博爱、自由的要求；而在经济范围内，则提出了绝无限制的竞争自由"②。因此，只有坚定不移地维护资产阶级的个人利益，才是对最大多数群体共同利益的最大保障。而这一目标的实现需要践行经济自由主义。他指出："在商业完全自由的制度下，各国都必然把它的资本和劳动用在最有利于本国的用途上。这种个体利益的追求很好地和整体的普遍幸福结合在一起。由于鼓励勤勉、奖励智力，并最有效地利用自然所赋予的各种特殊力量，它使劳动得到最有效和最经济的分配；同时，由于增加生产总额，它使人们都得到好处，并以利害关系和互相交往的共同纽带把文明世界各民族结合成一个统一的社会。"③为此，"李嘉图描绘了实现最大化的经济增长的画面。要实现这个结果，必须给予商人以追求利润最大化的自由，消除可能限制他们获得最大利润能力的政策，这样，储蓄和资本积累就可以达到最大量"④。

经济自由主义反对国家干预经济自由运行。在李嘉图看来，资本家对利润的追求会促进资本积累进而发展生产力，最终会增加人们的普遍幸福，由此推出资本家利益与人类社会利益相一致的功利主义原则的结论。他强调要允许资本家自由活动。而为了普遍的繁荣，对于各种财产的转移和交换所给

---

① 大卫·李嘉图.政治经济学及赋税原理[M].北京：商务印书馆，1962：113.
② 马克思.资本论（第1卷）[M].北京：人民出版社，1975：699.
③ 彼罗·斯拉法.李嘉图著作和通信集（第1卷）[M].北京：商务印书馆，1965：113.
④ 丹尼尔·福斯菲尔德.现代经济思想的渊源与演进[M].上海：上海财经大学出版社，2003：64.

予的便利是不会嫌多的，因为通过这种办法，各种资本可以流入利用它来增进国家生产的人们的手里。工人工资的上涨是由劳动市场的供求关系自发调节的，这一市场法则是支配社会绝大多数人的幸福的法则。工资正像所有其他契约一样，应当由市场上公平而自由的竞争决定，而不应当用立法机关的干涉加以统制。此外，李嘉图还指出，如果国家实施济贫法，救济贫民的做法只能是起适得其反的作用。当现行济贫法继续有效时，维持贫民的基金自然就会愈来愈多，直到把国家的纯收入全部吸尽为止，至少也要把国家在满足其必不可少的公共支出的需要以后留给我们的那一部分纯收入全部吸尽为止。"济贫法的趋势是使富强变成贫弱，使劳动操作除提供最低的生活资料以外不做其他任何事情，使一切智力上的差别混淆不清，使人们的精神不断忙于满足肉体的需要，直到最后使一切阶级染上普遍贫困的瘟疫为止。这种趋势比引力定律的作用还要肯定。"[1]

在分配层面，李嘉图论述了资本家和雇佣工人之间的对立关系。"李嘉图学派不承认土地所有者是资本主义生产的职能执行者。这样，对抗就归结为资本家和雇佣工人之间的对抗。但李嘉图学派的政治经济学把资本家和雇佣工人之间的这种关系看作某种既定的东西，看作生产过程本身所依据的自然规律。"[2] 李嘉图认为，工人工资与工人人口增长率成正比，这就可以不需要调节工资，而使得两者自动实现均衡。由此可以看出，李嘉图将资本家利益置于最高地位。

第二节　米尔顿·弗里德曼经济伦理思想

米尔顿·弗里德曼是美国当代经济学家、芝加哥大学教授、芝加哥经济

---

[1] 彼罗·斯拉法.李嘉图著作和通信集（第1卷）[M].北京：商务印书馆，1965：91.
[2] 马克思.剩余价值理论（第3册）[M].北京：人民出版社，1975：473.

学派代表人物之一，货币学派的代表人物，以研究微观经济学、宏观经济学、统计学、经济史及主张自由放任资本主义而闻名。他于1976年获诺贝尔经济学奖，以表扬他在货币供应理论及历史、消费分析，以及稳定政策复杂性等范畴的贡献。1962年出版的《资本主义与自由》，提倡将政府的角色最小化以让自由市场充分运作，以此维持社会和政治的自由。他的政治哲学强调自由市场经济的优点，反对政府干预经济。由此，他的理论成了自由意志主义的主要经济根据之一，对其他国家的经济政策都有着极大影响。

20世纪70年代经济自由主义在国家干预主义式微后重新抬头，形成新经济自由主义思潮。这股思潮的代表人物就是著名经济学家米尔顿·弗里德曼，他提出了"回到斯密"的口号。关于经济与道德，他崇尚"看不见的手"，"这只'手'是他对一种方式的想象，在这种方式中，千百万人的自愿行动可通过价格体系来调协，而不需要指导中心"[①]。他利用"斯密的眼睛"来证明市场客观运行的规则。"我们通过斯密的眼睛，却看到市场是一个秩序井然、有效协调起来的体系，它产生于人们具有各自动机的行为，但又不是人们有意创造的。它是一个能把千百万人分散的知识和技能为了共同目标而协调配合的体系。"[②]在道德方面，"在出于不利己的慈善目的而动员同情心方面，市场的看不见的手，都比政府的看不见的手远远更为有效"[③]。从中可以看出，在新经济自由主义视域中市场远比政府有目的性和计划性。

第三节　西斯蒙第的人本主义经济伦理

法国著名经济学家西斯蒙第创立了所谓的"政治经济学的新原理"，他自

[①] 外国经济学说研究会.现代国外经济学论文选（第4辑）[M].北京：商务印书馆，1982：130.
[②] 外国经济学说研究会.现代国外经济学论文选（第4辑）[M].北京：商务印书馆，1982：130.
[③] 外国经济学说研究会.现代国外经济学论文选（第4辑）[M].北京：商务印书馆，1982：130-131.

称是对斯密和李嘉图经济思想的扬弃。他反对将经济和道德统一于一切经济机制之上，反对将生产和财富纳入经济中心。"我要阐明的是：财富既然是人的一切物质享受的标志，我们就应该使它给所有的人带来幸福。"[1] "劳动是财富的唯一源泉，节约是积累财富的唯一手段；但是，我们还要补充一句：享受是这种积累的唯一目的，只有增加了国民享受，国民财富才算增加。"[2] 西斯蒙第提出政治经济学的研究对象是人，是为了满足人的物质和精神需要的科学。"人一生下来，就给世界带来要满足他生活的一切需要和希望得到某些幸福的愿望，以及使他能够满足这些愿望的劳动技能或本领。这种技能是他的财富的源泉；他的愿望和需要赋予他一种职业。人们所能使自己享有价值的一切，都是由自己的技能创造出来，他所创造的一切，都应该用于满足他的需要或他的愿望。"[3] 正因为政治经济学的研究对象是人，所以，它更多的是涉及经济伦理道德的科学，实证研究与规范研究并存，"需要良心如需要理智一样"[4]。因此，道德和经济的关系表现为道德决定经济，而非相反。

西斯蒙第经济伦理思想的核心是将人的需要放置于首位，把社会整体物质和非物质利益的取得作为终极目标，并以此为经济活动出发点。他主张政府来执行此任务，"政府是为所属的全体人民的利益而建立的；因此，它必须经常考虑全体人民的利益。正如应当利用政治向一切公民广施自由、道德和文化恩泽一样，政府应当通过政治经济学来为所有的人管理全民财产的利益；它应当设法维持秩序，使富人和穷人都享受到丰衣足食和安宁的生活，这种秩序不许国家里有任何人受苦，不许有任何人为自己的将来感到忧虑，不许有任何人不能以自己的劳动获得本人和自己的家庭所需要的衣、食、住；要使人的生活变成一种享受，而不是负担"[5]。

---

[1] 西斯蒙第.政治经济学新原理[M].北京：商务印书馆，1964：10.
[2] 西斯蒙第.政治经济学新原理[M].北京：商务印书馆，1964：45.
[3] 西斯蒙第.政治经济学新原理[M].北京：商务印书馆，1964：47.
[4] 西斯蒙第.政治经济学新原理[M].北京：商务印书馆，1964：47.
[5] 西斯蒙第.政治经济学新原理[M].北京：商务印书馆，1964：22.

法国小资产阶级政治经济学和古典政治经济学创始人西斯蒙第，提出人本主义价值取向。人本主义认为人性具有利己性与利他性的特点。西斯蒙第指出："利他主义是人性中最根本的内涵。人本主义的另一个重要特点是它认为无论是利己主义还是利他主义都有发展的潜质，而且这种潜质随时处于动态调整之中。人本主义者倾向于把生命看成是具有一种特殊品质的东西，它使生命不仅仅是一架复杂的机器，还使生命随着时间的流逝不断展现新的机会，而不是相同的部件的新组合。"[1]

西斯蒙第人本主义经济伦理思想的另一个特点是猛烈抨击资本主义社会弊端。他指出："亚当·斯密所考察的只是财富，并且认为所有拥有财富的人都关心财富的增加，从而得出这种结论：只有让个人利益在社会上自由活动，这种财富才能最大限度地增加。私人财富的总和就是国家财富；没有一个富人不兢兢业业地把自己变得更富，因此，就听其自然好了；他在使自己致富的同时也会使国家富裕起来。"[2]对此，西斯蒙第认为国家干预十分必要，要让社会力量干涉经济生活，以便使得财富以正常速度增长。原因在于，政府是远期利益的代表，职责就是保证社会公众的利益不被个人私欲所侵犯，对此要完善对待富人和穷人一视同仁的社会制度，作为长久制度设计保障坚持下去。

西斯蒙第强调生产由消费所决定。他指出："国民收入应该调节国民开支，国民开支则应在消费基金里吸收全部生产；绝对的消费决定一种相等的或者更高的再生产，再生产又产生收入。如果说迅速而完全的消费永远决定更高的再生产，财富的其他部分以一种均衡的速度按比例向前发展，并且继续逐渐地增加，国家才会不断繁荣。一旦这种比例遭到破坏，国家就会灭亡。"[3]"在政治经济学方面，一切都是相互关联的，人们不断沿着一个圆圈

---

[1] 马克·A.卢兹，肯尼思·勒克斯.人本主义经济学的挑战[M].成都：西南财经大学出版社，2003：4-6.
[2] 西斯蒙第.政治经济学新原理[M].北京：商务印书馆，1964：45.
[3] 西斯蒙第.政治经济学新原理[M].北京：商务印书馆，1964：45.

循环，果要变成因，因又变成果。但是，只要此一行动和另一行动配合得好，各方面就都能前进；只要有一个行动落后，它本来应该和其他动作互相配合却脱离了正轨，那时一切就都要停顿。根据事物的自然发展进程，增加一份财富，就应增加一份收入，增加一份收入，就应增加一份消费，随后是应该增加一份再生产的劳动，和增加一定的人口；最后，这种新的劳动反过来又增加财富。但是，假使措施不当，以致这些活动中的某一环节加快了速度，不能同其他环节相配合，就会打乱整个系统，于是，预期使穷人获得怎样的幸福，反而给他们造成了同样深重的灾难。"[1]

总之，作为小资产阶级代表的西斯蒙第仍然抱着思古的幽情，向往小农社会那种田园风光般的理想生活。他抨击了资本主义大机器大工业所造成的弊端，同情工人阶级成为饱受苦难的"不幸阶级"，但他没有发现造成此境况的真正原因。因此，他提出的建立一个由小生产者、农民以及手工业者组成的社会必然是不能实现的乌托邦。

第四节　西尼尔与巴斯夏经济伦理思想

一、西尼尔经济伦理思想

纳索·威廉·西尼尔（1790—1864）是 19 世纪 30 年代英国古典经济学向新古典经济学转变时期具有重要影响的经济学家。他生于英国伯克地区一个乡村牧师家庭，毕业于伊顿学院和牛津大学，长期在牛津大学和伦敦国王学院担任政治经济学教授，发表过一系列有关政治经济学、贵金属、人口和工资等方面的论文和讲演。其代表作是 1836 年刊载于英国大百科全书的《政治经济学大纲》。他也担任过许多英国皇家专门委员会的委员，积极参

---

[1] 西斯蒙第.政治经济学新原理[M].北京：商务印书馆，1964：434-435.

与国会立法、教育和科学振兴等社会活动。

19世纪初期，英国无产阶级和资产阶级的矛盾与斗争日趋激化，尤其是工人阶级要求缩短工时的经济斗争如火如荼。1833年，英国议会为了维护资产阶级的整体利益和长远利益及缓和同工人阶级之间的矛盾，在前5次工厂立法的基础上，再次颁布新工厂法。新法案规定，工厂的普通工作日应从早晨5点半开始，到晚上8点半结束。在这15小时的界限内，在白天的任何时间使用少年（从13岁到18岁）做工都是合法的。但是有一个条件，除某些特别规定的情况外，每个少年每天的劳动时间都不得超过12小时。法案还规定，在限制的劳动时间内，每人每天至少应有1小时的吃饭时间。已经觉醒了的工人阶级仍然不满意这个法案，他们强烈要求实行10小时工作制。工厂法和争取10小时工作制的斗争，损害了工厂主的利益，引起了他们的强烈不满和反对。1836年，西尼尔应曼彻斯特工厂主的邀请，在后者举办的大会上作报告，公开反对工厂立法和工人缩短工作日的要求。该报告经过修改，以《关于工厂法对棉纺织业的影响的书信》为名于1837年在伦敦出版。在这本著作中，西尼尔提出工厂主的利润是工人在最后一小时生产出来的，如果工作日缩短一小时，工厂主的利润就会消失。

从英国经济学家西尼尔的思想中可以看出，他将人的心理因素作为政治经济学研究的起点。他认为，趋乐避苦的本性决定了其在经济中追求财富的价值取向。对此，他将人的心理欲求量化为具体金钱数量并以此作为衡量心理满足的标准。"一个人只要有了钱，就可以随其所好地满足他的种种奢望或虚荣，就可以使他懒惰度日，就可以发挥他急公好义的精神，或施行恩惠。就可以千方百计地求得肉体上的快乐，避免肉体的劳苦，就可以用更大代价求得精神上的愉快。"[1]因此，"每个人都希望以尽可能少的牺牲取得更多的财富"[2]。

---

[1] 西尼尔.政治经济学大纲[M].北京：商务印书馆，1977：47-48.
[2] 西斯蒙第.政治经济学新原理[M].北京：商务印书馆，1964：17.

二、巴斯夏经济伦理思想

法国经济学家弗雷德里克·巴斯夏，1801年6月29日生于法国巴约纳附近一个大商人家庭。1825年他继承祖父遗产后成为酒业企业家。1830年法国革命后，当选为本地法官，后又任区总顾问，七月王朝后期迁居巴黎。1846年建立法国争取自由贸易协会。1848年法国革命期间当选为制宪会议和立法会议的代表。

巴斯夏是自由贸易思想的积极宣传者，同时也是市场经济的提倡者。他认为，社会组织是建立在人类本性的普遍规律之上，市场经济社会是一种和谐的社会。社会就是交换，交换就是相互提供服务，两种互相交换的服务决定了价值。价值，即服务的尺度就是服务提供者所作的努力的紧张程度和服务接受者所节省的努力的紧张程度。在自由放任主义政策下，二者趋于一致。交换是以等价为基础，等价交换是公道的交换，这样的社会当然是和谐的。他还指出，随着社会的进步，社会总产品中分配给资本的部分会减少，分配给劳动的部分会增加，人们的状况会不断改善，社会更加和谐。他著有《经济学诡辩》《经济和谐论》等著作。巴斯夏的主要经济观点是：政府的行动基本限于保证秩序、安全和公正，倘若超出这一限制，就是对人类意识和劳动的侵犯，就是对人类自由的侵犯。

巴斯夏认为，经济活动是满足人的需要的手段，政治经济学的研究对象决定了其必然会重视道德规范。"伦理学科占有了属于'同情'这个迷人的领域的一切概念——诸如宗教的感情、父母的慈爱、孝道、爱情、友谊、爱国、慈善、礼节等。剩下给政治经济学的只是个人利益这个冷酷的领域。"[①] 政治经济学研究个人利益追求的动机，而心理因素则是趋利避害。巴斯夏以此为契机，将经济活动纳入伦理道德，指出人满足自身欲望而从事经济活动就是人们互相满足各自需要的活动。"我们能够互相帮助互相替代对

[①] 巴斯夏. 经济和谐论[M]. 北京：商务印书馆，1964：196.

方工作、提供相互服务，并且在有报酬的条件下，把我们的才能或运用这些才能的结果，交给别人支配。这就是社会。"[1]虽然互相服务论掩盖了资本对劳动剥削的本质，但也构建了市场经济中新的经济伦理关系。

第五节　马歇尔经济伦理思想

阿尔弗雷德·马歇尔（1842—1924）是近代英国最著名的经济学家之一，新古典学派的创始人，剑桥大学经济学教授，19世纪末和20世纪初英国经济学界最重要的人物。马歇尔的贡献在于，使经济学从仅是人文和历史学科的一门必修课程逐渐发展为一门独立的学科，并具备了与其他自然科学相似的科学性。剑桥大学在他的影响下建立了世界上第一个经济学系。

马歇尔是局部均衡分析论的创始者，他研究单个市场的行为而不考虑市场与市场之间的影响。他把完全竞争和充分就业假设为既存的条件，进而从供给和需求的角度来分析市场价格，以便解决资源在生产上的配置、资源的报酬等问题。他建立了一个被理想化了的资本主义的模式，并且根据这一模式得出结论，认为价格制度不但能使每种生产要素都得到应有的报酬，能使每个消费者得到最大的满足，而且在宏观经济的运行中，能够起着自行调节的作用，以便消除或熨平周期性的经济波动。1890年出版的《经济学原理》是马歇尔的最主要著作。该书在西方经济学界被公认为划时代的巨著，也是继《国富论》之后最伟大的经济学著作。该书所阐述的经济学说被看作是对英国古典政治经济学的继承和发展。以马歇尔为核心的新古典学派在长达40年的时间里在西方经济学中一直占据着支配地位。

马歇尔提出了在经济运行中"心理原则"系统化的思想。他指出，"经

---

[1] 巴斯夏.经济和谐论[M].北京：商务印书馆，1964：204.

济学是一门研究财富的学问，同时也是一门研究人的学问。"[1] 研究人是 "研究人类满足欲望的种种努力，然而只以这种努力和欲望能用财富或它的一般代表物——即货币来衡量"[2]。马歇尔经济学说把财富当作人的欲望和进取以物化方式存在的形式，这就决定了经济运行的方式和结果，并据此提出：边际效用递减规律，"即人类本性的这种平凡而基本的倾向，可用欲望饱和规律或效用递减规律来证明，一物对任何人的全部效用（即此物给他的全部愉快或其他利益），会随着他对此物所有量的增加而增加，但不及所有量的增加那样快。如果他对此物的所有量是以同一比率增加，则由此而得到的利益是以递减的比率增加"[3]。虽然心理因素不可衡量，但是货币可以成为判定人心理因素的尺度，并进而影响经济规律。

第六节　凯恩斯经济伦理思想

约翰·梅纳德·凯恩斯是英国历史上著名的经济学家，既是凯恩斯主义经济学的创始人，也是现代西方宏观经济理论体系的奠基者。

凯恩斯的经济思想最早属于英国剑桥学派，以研究货币理论和货币政策而著称。20 世纪 30 年代资本主义国家的经济大危机与大萧条使他的经济思想和政策主张发生了根本性的变化。他在最著名的传世之作《就业、利息和货币通论》中，否定了以英国剑桥学派为主要代表的传统的新古典经济学关于资本主义市场经济可以自动维持经济并达到充分就业的和谐均衡的理论主张和信条，提出了一整套新颖的有效需求理论，主张通过国家对经济生活进行积极干预的办法来消除大规模失业，摆脱经济萧条。这些理论观点和政策

---

[1] 马歇尔.经济学原理（上卷）[M].北京：商务印书馆，1964：23.
[2] 马歇尔.经济学原理（上卷）[M].北京：商务印书馆，1964：69.
[3] 马歇尔.经济学原理（上卷）[M].北京：商务印书馆，1964：112.

主张被后来的经济学界认为是对以马歇尔、庇古为代表的新古典经济学自由放任的主要经济思想倾向和政策主张的"革命"。"凯恩斯革命"开创了一个新时代,不仅产生了现代宏观经济学,而且也催生了凯恩斯主义经济学在第二次世界大战之后在西方国家中较长时期内占据主导地位。

1929—1933年,资本主义各国出现了普遍性的经济大萧条,生产和产值大幅度下跌,失业急剧增加。其中,尤其以美国最为严重。根据统计资料显示,1929—1932年各主要资本主义工业化国家的工业生产和国内生产总值的下降百分比平均高达30%左右。与此同时,1917年,俄国发生了社会主义革命,经历了最初几年的艰苦奋斗之后,俄国的秩序和经济建设迅速好转,其影响逐渐扩大。

面对上述情形,资本主义各国严重的经济困境迫切要求得到解脱。但是,传统的新古典的经济理论一筹莫展,既无法从理论上给予解释,也无法从政策方面提出解脱困境的办法。这是因为,古典经济学的基本信念是,在充分自由竞争条件下,追求个人最大限度利益的当事人崇尚各行其是的理性经济活动,这会自然而然地使社会经济生活处于最好的有序状态,而参加经济活动的各方面都会更好地实现自己的目的。当这样的经济理论体系无法解释20世纪30年代那样的经济大萧条时,西方经济学发展历史上第一次大的理论危机就出现了。

在严酷的现实面前,凯恩斯不得不承认传统的新古典理论的无能为力。为此,他要从根本上改造传统的古典经济学理论体系和政策主张,寻求一条新的道路,这既可避免社会主义,又能避免经济的彻底崩溃。他逐步建立并明确了自己新的理论方向和理论体系。

凯恩斯提出在三大心理规律(消费倾向规律、流动偏好规律和资本边际效率规律)作用下,有效需求不足将导致社会上出现大规模失业和生产过剩,而市场自动调节的机制将无法发挥出有效作用来纠正这种失调。因此,凯恩斯反对"自由放任"和"无为而治"的传统做法,主张国家通过经济政策,主要利用财政政策和货币政策对经济生活进行积极干预和调节。他特别强调扩张性财政政策在经济萧条时的积极作用，提出了功能性的财政预算政策，主张以赤字财政政策来解决大的经济萧条和经济危机。这就是说，通过增加公共投资来刺激有效需求，以实现充分就业，达到缓解经济周期性危机带来的衰退的目的。凯恩斯反对为了节俭而进行储蓄，提出要将利率作为维持均衡的必要条件。在充分就业的条件下，消费的增加会通过储蓄率的变化来影响资本积累，这不利于个人与社会经济利益的增加，因此节俭是美德。如果在非充分就业条件下，消费将有利于资本积累，而节俭反而会导致贫困。

第七节　施穆勒经济伦理思想

早年施穆勒经济思想属于自由主义思想范畴。他在 1870 年出版的《19 世纪德国中小企业发展史：统计调查和国民经济调查》中，提出了保护"中产阶级"，要对手工业者和自耕农采取保护和救济的方式，对工人阶级和新的中等阶层采取社会改良主义政策，这样就可以维持资本主义秩序的稳定。在方法论上，他既排斥古典经济学的抽象的逻辑的方法，又反对旧历史学派急于寻求的普遍性规律。他提倡国民经济学的道德理念，主张历史的伦理主义的经济学体系。他将这种方法称为"历史的统计方法"。他强调，史料即使不带有思想，仍有一种相对的价值，而思想如不根据史料，则将是一种"妄想"。他认为国民经济学是介乎应用的自然科学和比它更重要的精神科学之间的科学，经济现象既属于自然的技术的关系，又属于伦理的心理的关系，经济结构不外是由这种经济法规和伦理所规定的生活秩序。他把生产、交换、分工、劳动、工资等经济范畴，既看作经济技术范畴，又看作伦理心理的范畴。由于施穆勒强调了历史的经济学是以伦理主义为基础，所以新历史学派又被称为"历史的伦理学派"。

德国新历史学派施穆勒明确了道德在经济运行中所起到的决定性作用。

他批评了以往经济学派只注重从实证角度研究经济活动,轻视甚至忽视道德在经济中应发挥的作用。他特别强调心理作用忽视道德因素,"企图把心理力量从数量上加以计算可能是永远做不到的事"[①]。对此,施穆勒主张经济关系需要依靠道德、心理以及法律作为联系纽带。他说:"我们称作'经济'的,是指由互相联属的个人所构成的或大或小的集体,构成这种联属因素是心理的、道德的或者是法律的因素,而其从事经济的方式则是联合的方式,部分是为着共享,也可不是为自己而为着别的人。"[②]利己到利他的演变需要将经济问题和道德问题结合起来对待。

第八节 马克斯·韦伯新教经济伦理思想

马克斯·韦伯(1864—1920),德国著名经济学家、政治学家、社会学家、哲学家,他是现代一位最具生命力和影响力的思想家。韦伯曾在海德堡大学求学,在柏林大学开始教职生涯,并陆续于维也纳大学、慕尼黑大学等大学任教。这些经历对当时德国的政界影响很大,他曾前往凡尔赛会议代表德国进行谈判,并且参与了魏玛共和国宪法的起草设计。他同泰勒与法约尔处于同一历史时期,对西方古典管理理论的确立做出了杰出贡献,是公认的古典社会学理论与公共行政学最重要的创始人之一,被后世称为"组织理论之父"。

马克斯·韦伯不仅是德国著名的经济学家、社会学家和政治学家,亦是一位极具理论原创性的思想家。韦伯在解决经济和非经济因素问题上具有鲜明特色。他非常认同非经济因素对经济因素所起到的决定性作用。按照韦伯的说法,研究经济与非经济因素需要首先确立"价值中立"的研究方法。所

---

① 施穆勒. 一般国民经济学大纲[M]. 北京: 商务印书馆, 1964: 358.
② 施穆勒. 一般国民经济学大纲[M]. 北京: 商务印书馆, 1964: 359-360.

谓价值中立，是指社会科学研究要遵循研究对象的规律与特点，而非研究者的自身价值判断。据此他研究了世界上主要几种宗教形态：印度教、儒教、佛教、基督教、伊斯兰教和犹太教。他指出，不同的宗教都存在不同的生活准则体系，而且具有能够吸引信众参与经济的原动力，其内涵就是宗教经济伦理。不仅如此，韦伯更着重关心与探讨的是宗教伦理在经济活动中所发挥的积极作用。

富兰克林的研究对马克斯·韦伯经济伦理思想影响较大，他论述的资本主义精神集中体现在其金钱观之中。富兰克林提出："时间就是金钱""信用就是金钱""金钱具有孳生繁衍性。"[1] 即金钱具有周转性，这与一个人的信用直接相关。"切记下面的格言：善付钱者是别人钱袋的主人。"[2] 人们只有恪守"谨慎""公正""节俭"和"诚实"等美德才能积攒信用，也才能赚取更多的钱。韦伯对此进行了分析，"富兰克林所有的道德观念都带有功利主义色彩。诚实有用，因为诚实能带来信誉；守时、勤奋、节俭都有用，所以都是美德"[3]。可以看出，富兰克林经济伦理观具有十分鲜明的功利主义色彩，这也是资本主义社会的一条首要的基础性原则。韦伯指出："事实上，这种伦理所宣扬的至善——尽可能地多挣钱，是和那种严格避免任凭本能冲动享受生活结合在一起的，因而首先就是完全没有幸福主义的（更不必说享乐主义的）成分掺在其中。这种至善被如此单纯地认为是目的本身，以致从对于个人的幸福或功利的角度来看，它显得是完全先验的和绝对非理性的。人竟被赚钱动机所左右，把获得作为人生的最终目的。在经济上获利不再从属于人满足自己物质需要的手段了。"[4] 韦伯评论说，因此"在现代经济制度下能挣钱，只要挣得合法，就是长于、精于某种天职的结果和表现"[5]。换句

---

[1] 马克斯·韦伯.新教伦理与资本主义精神[M].北京：生活·读书·新知三联书店，1987：33.
[2] 马克斯·韦伯.新教伦理与资本主义精神[M].北京：生活·读书·新知三联书店，1987：34.
[3] 马克斯·韦伯.新教伦理与资本主义精神[M].北京：生活·读书·新知三联书店，1987：36.
[4] 马克斯·韦伯.新教伦理与资本主义精神[M].北京：生活·读书·新知三联书店，1987：37.
[5] 马克斯·韦伯.新教伦理与资本主义精神[M].北京：生活·读书·新知三联书店，1987：38.

话说，资本主义首要精神是为了赚钱而赚钱。

韦伯生活的年代，资本主义政治经济等一系列制度已经确立起来，资本主义制度鼓励人们努力赚钱，任何人只有适应这种制度才能更好地生存与发展。然而，"把赚钱看作人人都必须追求的自身的目的，看作一项职业，这种观念是与所有那些时代的伦理感情背道而驰的"[①]。这就是韦伯所得出的结论。

近代宗教改革的产物之一就是新教伦理，就是随着资本主义的兴起而不断发展，资本主义精神也源于此处。此后，新教伦理成为推动生产力与资本主义经济发展的决定性动力。在韦伯看来，经济行为是一种合乎逻辑、遵循理性的科学行为。因此，必须排除暴力与欺诈的方法。他在考察了世界五大宗教后指出，只有基督教的天职观与禁欲主义可以在调节经济关系中发挥较大作用。

传统教义反对人们言利，主要因为财富会使人变得堕落。新教则纠正此种看法，认为财富本身并无过错，只有当财富的诱惑耽于安乐才在道德上是邪恶的。倘若人们追求财富是遵循上帝旨意，这在道德上不仅不会受到谴责，反而应该受到赞赏和鼓励。韦伯得出结论："确实，一种职业是否有用，也就是能否博得上帝的青睐，主要的衡量尺度是道德标准，换句话说，必须根据它为社会所提供的财富的多寡来衡量。不过，另一条而且是最重要的标准乃是私人获利的程度。在清教徒心目中，一切生活现象皆是由上帝设定的，而如果他赋予某个选民获利的机缘，那么他必定抱有某种目的，所以虔信的基督徒应服从上帝的召唤，要尽可能地利用这天赐良机。要是上帝为你指明了一条路，沿循它你可以合法地谋取更多的利益（而不会损害你自己的灵魂或他人），而你却拒绝它并选择不那么容易获得的途径，那么你会背离他的馈赠并遵照他的训令为他而使用它们。他的圣训是：你须为上帝而辛

---

① 马克斯·韦伯. 新教伦理与资本主义精神[M]. 北京：生活·读书·新知三联书店，1987：53.

劳致富，但不可为肉体、罪孽而如此。"①

新教的职业观是人应为上帝尽职，对此要放弃肉体享受，克制物欲追求，禁欲是为了与上帝意志保持一致。因此，新教的禁欲主义会直接影响资本主义经济社会生活，实际效果是"禁欲主义的节俭必然导致资本的积累"②。"在构成近代资本主义精神乃至整个近代文化精神的诸基本要素之中，以职业概念为基础的理性行为这一要素，正是从基督教禁欲主义中产生出来的——这就是本文力图论证的观点。"③由此，新的资产阶级经济伦理诞生。"一种特殊的资产阶级的经济伦理形成了。资产阶级商人意识到自己充分受到上帝的恩宠，实实在在受到上帝的祝福，他们觉得，只要他们注意外表上正确得体，只要他们的道德行为没有污点，只要财产的使用不至遭到非议，他们就尽可随心所欲地听从自己金钱利益的支配，同时还感到自己这么做是在尽一种责任。此外宗教禁欲主义的力量还给他们提供了有节制的、态度认真的、工作异常勤勉的劳动者，他们对待自己的工作如同对待上帝赐予的毕生目标一般。"④

第九节　穆勒的折中主义经济伦理思想

约翰·穆勒（1806—1873），英国著名经济学家、哲学家、心理学家，19世纪颇具影响力的古典自由主义思想家。他支持边沁的功利主义思想。约翰·穆勒是詹姆士·穆勒的儿子，受其父的严格教育，他在17岁时就进入不列颠东印度公司，一直持续到1858年。他一生以新闻记者和作家的身份写了不少著作。约翰·穆勒是孔德的实证主义哲学的后继者。他把实证主

---

① 马克斯·韦伯.新教伦理与资本主义精神[M].北京：生活·读书·新知三联书店，1987：127.
② 马克斯·韦伯.新教伦理与资本主义精神[M].北京：生活·读书·新知三联书店，1987：135.
③ 马克斯·韦伯.新教伦理与资本主义精神[M].北京：生活·读书·新知三联书店，1987：141.
④ 马克斯·韦伯.新教伦理与资本主义精神[M].北京：生活·读书·新知三联书店，1987：138-139.

义思想最早从欧洲大陆传播到英国，并与英国经验主义传统相结合，主要体现在哲学方面的著作有《论自由》。

约翰·穆勒认同功利主义价值观，他充分肯定了功利主义的最高伦理原则："最大多数人的最大幸福"，这是指导人类行为的根本准则，也是道德的根本。

第一，他强调人与人之间的利益存在矛盾与冲突，但可以协调这些矛盾冲突。在人类进步还处于较为原始的状态时，个人利益之间的矛盾不会有协调。但是，当人类社会文明进步到较高程度时，人们不希望互相将别人对利益的正当追求看作对自身利益的威胁。第二，穆勒认为，功利主义幸福观并非专指个人幸福，而是指所有相关人的幸福，并要求在自身幸福和他人幸福间谋得公平，这需要法律与社会组织发挥协调个人利益和社会利益的作用，进而影响人的道德观念。第三，功利主义不仅表现为趋乐避苦，还体现出一种自我牺牲精神。功利主义的道德承认人类可以为他人的利益而牺牲自身的利益，这种自我献身精神最终归于集体利益所规定的个人幸福。第四，穆勒将功利主义置于政治经济学研究之中，提出改善人性的观点，逐渐形成了以分配为中心的经济公平化的经济伦理理念。穆勒指出，只有被社会认同的合理分配制度才能持续。这就是说，社会法律与风俗决定了分配方式。例如，遗产的继承与转让。他一方面承认遗产的私人占有，这是法律应当保护的所有制形式，蕴含着不容置疑的天赋权利；另一方面，遗产继承也有失公平，因为它会损害经济效率，威胁自由竞争。因此，要通过征收遗产税来促进社会公平。第五，穆勒认为，土地是全人类生存的基本资料，但大部分土地被少数人占有，因此要通过土地税来征收地租。他赞赏小农所有制，因为农业工人租种土地与否及租金多寡只需由竞争决定而非农业资本家，全部农产品给予租种者。第六，穆勒虽然赞同自由竞争，但也辩证地指出它的缺点。因此，国家干预十分必要。

穆勒的国家干预思想具有两面性。他强调有限政府的作用，"第一，意识的内向境地，要求着最广义的良心的自由，要求着思想和感想的自由；要求着在不论是实践的或思考的、是科学的、道德的或神学的等等一切题目上的意见和情操的绝对自由……第二，这个原则还要趣味和志趣的自由；要求有自由制定自己的生活计划以顺应自己的性格；要求有自由照自己所喜欢的去做……第三，随着各个人的这种自由而来的，在同样的限度内，还有个人之间相互联合的自由。"[1]总之，穆勒在经济自由主义和国家干预主义之间表现为一种折中性特点，他对前人和同时代的各种经济流派思想进行了折中，接受了诸多矛盾学说。

---

[1] 约翰·穆勒.论自由[M].北京：商务印书馆，1959：12-13.

第五章　中国传统经济伦理思想

第一节　中国传统经济伦理思想概述

经济伦理学作为一门学科是近代以来的产物，经济思想和伦理思想所具有的内在关联性很早就已经存在于古代中外思想家的论述中。我国古代不仅有着丰富的经济思想，而且还蕴含着比较丰富的经济伦理思想，甚至从某种程度上说，经济的伦理化是我国古代经济思想的主要特征。因此，研究我国古代经济伦理思想对于构建当代中国特色社会主义经济伦理学，具有十分重要的借鉴意义。

经济现象作为社会生活的客观事实，由于它始终以"问题"的形式呈现在世人面前，反映了人与自然交互过程中所面临的普遍的矛盾状态，因而对其进行思考便构成了人类生活的基本焦虑之一。但是，由一种心理焦虑提升为一种自觉的理性思索，并以这种理性思索的结果去指导与规范人们的经济行为，这只有在人类进入文明社会之后才具有现实可能性。同样，由于人类一进入文明社会的门槛就面临着阶级的分野，这使得一开始人们对于经济现象的理性思考就不是一种纯粹的体现效益优先原则的知识经济学式的思考。在自然经济时代，人在很大程度上由于经济活动表现为一种对自然禀赋的依赖性，人类的生产活动和社会交换活动只能在一种狭窄的封闭的地理空间内展开，甚至可以说，自原始农业产生以来，人与自然之间的交换虽然在单位面积的产量上有着不断的升级和提高，但真正影响农业经济效率的原因，从主体方面讲则是生产技术的改进；从客体方面讲则是是否存在自然界的风调雨顺。两者作对比后发现，后者更为重要，它使得自然经济成为一种典型的"靠天吃饭的经济"。经济效益问题的主导权在"天"和"自然"，便使得人们对于经济问题的思考集中于两个方面：一方面是如何顺天而行，即按自然规律办事。"不违农时"就成为传统农业经济的一个"绝对命令"，而要做到这一点，除了国家需要在历法方面予以指导之外，更重要的是国家应该从制度上保障"农时"不受诸如修陵、筑城、打仗等徭役、兵役与杂役的影响，这种所谓的"轻徭"政策是历代封建王朝所特别标榜的"德政"之一；另一方面则是如何顺民而行，在维护统治阶级既得利益的同时必须对被统治阶级的利益有所调整和关注。即国家应该成为不同利益集团之间的矛盾调节者，倘若"利"只为某一阶层所垄断，则不仅会造成经济社会停滞不前，而且还会导致社会各阶层的冲突，从而影响皇朝的兴盛。因此，无论是从经济社会的发展，还是从朝代自身的长治久安出发，国家都应承担起不断调整生产关系的责任。由此可知，在自然经济条件中，在等级结构制度中，对经济现象的考量，往往不会是一种现代意义的纯粹的经济学考量，而是一种政治经济学和政治经济思想，这种思想的一个重要特征就是将经济问题化约为一个政治问题，是一个"王政"问题。

中国古代社会结构具有宗法一体与家国同构的特征，这使得中国传统家庭作为社会的细胞承担着十分复杂的社会学与政治学意义。在中国传统社会里，"家政"的重心不在于如何"理财"，而在于如何"齐家"，在于如何维系一种以血缘关系为基础的宗族秩序的稳定与和谐。中国古代经济伦理思想虽然由于伦理思想的过度扩张而弱化了经济学本身的意义，并使得中国古代经济伦理思想的德性主义占据了主体地位，但是，从先秦诸子开始，中国古代经济思想仍然存在着功利主义思想，且这种经济伦理思想在秦汉之后的发展又有着与儒家德性主义经济伦理思想相互渗透的趋势，这样一来，中国古代的经济思想便不只是一种单纯的道德主张，还包含一种真正的经济学意义上的关怀。

第二节　中国古代经济伦理思想的发展阶段

中国古代经济伦理思想从产生到不断发展，大致可以分为三个阶段：即先秦时期、汉唐时期、宋明清时期。

一、先秦时期——中国古代经济伦理思想的产生

从历史视角来看，对经济现象的伦理考量最早产生于西周之初，它与西周初期思想家在"殷鉴意识"的观照下所确立的以"敬德保民"为内涵的德治主义价值取向有关。西周的思想家提出了诸如"孝养父母"的生产观、"不独专于利"的分配观，以及"恭俭惟德"的消费观等德性主义经济伦理思想。但到春秋战国之际，随着西周礼乐社会结构的解体，王官之学逐渐为诸子之学所替代，从而出现了以"义利之辨"为主要命题的诸子百家争鸣的经济伦理思想发展新格局，这种新格局基本上呈现出两条线索。

一条线索是功利主义经济伦理思想的产生与发展。春秋早期，管仲从"人本自利"的人性论出发，提出了著名的"仓廪实而知礼节"的道德生成论观点，这标志着中国古代功利主义经济伦理思想的产生。墨子认为"兴天下之利，除天下之害"，并提出了"义，利也"的功利主义命题，试图在"公利"的层面将"义利"统一起来，并将此命题延伸到劳动生产和日常生活领域，奠定了中国古代功利主义经济伦理思想的基本理论之基。

另一条线索是德性主义经济伦理思想。孔子从仁学出发，高举"义利之辨"的大旗，明确提出"君子喻于义，小人喻于利"的命题，确立了"见利思义"的德性主义价值取向，孔子对于"民之利"，对于满足人类基本生存需要的"饮食之利"，以及通过正当方式取得的"利"等伦理正当性是持肯定态度的，并在此基础上提出了他的"富国""富民"的生产观、"均而安"

的分配观和"黜奢崇俭"的消费观等经济伦理思想。

二、汉唐时期——中国古代经济伦理思想的发展

汉唐时期是中国古代封建社会的发展与鼎盛时期。从思想史的角度看，自秦之后，以先秦诸子中的道家、儒家思想为主整合了其他思想，构成了这一时期思想发展的特色。在这种背景之下，汉唐时期的经济伦理思想的发展亦具有儒道互补、德性主义与功利主义冲突和融合的特点。如董仲舒从"天人合一"观念出发，一方面提出了"正其谊不谋其利，明其道不计其功"的德性主义经济伦理命题；另一方面他又继承了荀子"义利两有"论，主张"两养"。

三、宋明清时期——中国古代经济伦理思想的完善和嬗变

宋代时期，随着商品经济的发展，中国古代经济伦理思想的发展得到了进一步的完善，并开始发生嬗变。一方面，儒家思想在宋代的发展已更趋本体论化和道学化，产生了程朱等道学家的禁欲主义经济伦理思想；另一方面，则是在民族纷争日益严重的背景下，催生了一种可称之为"儒家功利主义"的经济伦理思想。明清之际，由于资本主义萌芽的产生，造成了中国古代经济伦理思想的嬗变。"经世致用"已成为这一时期的思想家们的主要思想取向。何心隐提出了"人则财之本"的人本经济伦理思想，黄宗羲以"人必有私"的人性论为基础，提出了"工商皆本"的本末论等。宋明清时期这种以功利主义为特征的经济伦理思想的流行，直接影响到蕴含着近代经济伦理思想的萌芽。

第三节　中国古代经济伦理思想的特征

纵观中国古代经济伦理思想的发展历史，我们可以看出德性主义经济伦

理思想在思想领域占据主导地位，它的影响深远，其伦理特色成为影响后世经济伦理思想发展的重要准则。

第一，德性主义经济伦理思想占主导地位。中国古代经济伦理思想产生于先秦时期诸子间的"义利之辨"，是围绕着道德和利益孰先孰后以及孰重孰轻这一核心问题而展开的。由于受制于小农经济基础上的"农本商末"的经济结构和家族主义为基础的"家国同构"的社会结构，形成了以主张"重义轻利"以及"重公轻私"为价值取向的儒家德性主义经济伦理思想。特别指出的是，即使是功利主义思想家，也无法摆脱这种经济与社会结构特征的影响，在他们对经济问题的关注中大多贯注了伦理的色彩倾向，造成了中国古代经济伦理思想的构架存在着"经济学式关注"和"伦理学式关注"的严重失衡。

第二，以人性论为基础。儒家以性善论为基础，认为"仁义"非由外铄，是主体与生俱来的一种道德基因，这一点决定了"义"对于成就"大我"的第一位的价值。但是，儒家也认为，人作为生命的存在又具有"饮食男女"等物质利益的需要，且这种欲望的基本满足也具有伦理的正当性，但由于它只具有成就"小我"的价值，所以它与"义"的需要又有相互冲突的一面，因而需要对之加以抑制，宋明道学家甚至认为需要"以理灭欲"。很显然，以这样一种人性论为基础的经济伦理思想必然具有轻视利益问题的倾向。

第三，强调道德对于经济的积极作用。一方面，儒家德性主义经济伦理思想虽然有着"罕言利""何必曰利"的倾向，但由于儒家是以"齐家治国平天下"的社会责任为承当，构建其理念当然也包括了"内圣"之学和"外王"之学两个维度，而后者使得儒家的经济学具有很多丰富内涵。在儒家关于"外王"的经济学构建中，由于"外王"是从"内圣"所引出，因而也就决定了它的道德本位主义特征。所以，儒家经济学也可以说是一种"德政经济学"，也强调道德对于社会经济发展的决定作用；另一方面，中国古代功利主义经济伦理思想，虽然存在着杨朱学派的极端功利主义，但以利为主、义利兼顾或统一仍是主流。这就是说，中国古代的功利主义思想家在强调经济对道德的决定作用的同时，并没有将道德伦理问题简化为一个单纯的经济问题，而是认为经济和道德之间存在着某种张力，二者之间是一种互动的关系。

第四，为封建自然经济结构进行伦理合法性辩护。"本末之辨"是中国古代经济伦理思想的重要主题之一。纵观中国古代经济伦理思想的发展脉络，可以得出这样的结论：传统经济伦理思想从整体上说主要反映了封建自然经济的"农本商末"社会结构的特征和要求，这为农业的"本"业地位提供了一种伦理合法性辩护，从而给商业涂上某种不道德的色彩，形成了一种贬斥"末"业的文化现象。

第四节　儒家经济伦理思想的主要内容

儒家思想的内容博大精深，其经济伦理思想就是其中重要的组成部分。本书将通过挖掘和整理儒家经济伦理思想的基本要义来诠释其历史基本脉络与主要观点。儒家经济伦理思想最早是由孔子和孟子等先秦儒学思想家所开创，后经汉代儒学家的丰富发展并使之成为封建统治者的指导思想。至此，儒家经济伦理思想成为调节与规范人们在经济活动中相互关系的一整套完整伦理体系。儒家经济伦理思想中深刻地反映出浓郁的中华传统文化的优良品质及超凡智慧，这可以为我国社会主义市场经济的发展提供源源不断的精神资源。因此，挖掘整理儒家经济伦理思想中的积极含义并将其融入社会主义市场经济理性之中和相应的体制建构中，这会对社会主义市场经济的健康有序发展起到必要的促进作用。由于篇幅所限，本书主要介绍对儒家经济伦理思想及后世经济思想影响最大的孔子和孟子的经济伦理思想。

孔子（前551—前479），名丘，字仲尼，春秋时期鲁国昌平乡邑人（今山东省曲阜市东南）。中国历史上影响最大的思想家和伟大的教育家，儒家学派的创始人。相传，孔子的先祖为宋国贵族，后避难奔鲁，卿位始失，下降为士。孔子三岁时丧父,家境贫寒。孔子说:"吾少也贱,故多能鄙事。"(《论语·子罕》)他年轻时曾做过"委吏"(管理仓廪)和"乘田"(管放牧牛羊)等小官。虽然如此,孔子儿时即受到母亲的礼乐教育,从十五岁"志于学",至"三十而立",学业初成,并开始授徒讲学,"自行束脩以上,吾未尝无诲焉。"(《论语·述而》)据《史记·孔子世家》所载:"孔子以诗、书、礼、乐教,弟子盖三千焉,身通六艺者七十有二。如颜浊邹之徒,颇受业者甚众。"私人办学至如此之规模,这在中国教育史上是罕见的,对打破"学在官府"的传统、促进学术文化的进一步下移做出了积极的贡献。

孔子之世,鲁国的政权一直掌握在以季氏为首的"三桓"手中。季氏生八佾舞于庭,孔子闻之,曰:"是可忍也,孰不可忍也?"(《论语·八佾》)鲁定公九年,季氏家臣阳虎被绌,孔子开始出仕,为中都宰。是年孔子五十一岁。为中都宰一年,因政绩突出,遂升为司空,再升为大司寇,摄行相事。定公十年,齐鲁夹谷之会,孔子相礼,并利用外交手段帮助鲁国收回了被齐国占领的土地。定公十二年,孔子为加强"公室",抑制"三桓"的发展,提出了"堕三都"的计划,但计划最终失败。鲁定公十三年春,齐人馈女乐于鲁,季桓子受之而三日不朝。孔子遂率弟子再一次离开了"父母之邦",开始了长达十四年之久的周游列国的颠沛流离生涯。至鲁哀公十一年,孔子的学生冉有为季氏宰,孔子才归鲁,是年孔子六十八岁。孔子归鲁,鲁人虽尊之以"国老"。但《史记·孔子世家》中说:"鲁终不能用孔子,孔子亦不求仕。"孔子晚年把主要精力放在整理古代文献和从事教育上,《论语·子罕》中说:"吾自卫返鲁,然后乐正,雅颂各得其所。"鲁哀公十四年,狩猎获麟,孔子认为:"吾道穷矣",因《史记》而作《春秋》,是年孔子七十一岁。鲁哀公十六年(前479年)夏四月,孔子卒,享年七十三岁。

孔子的主要思想是"仁",但同时又主张"复礼"。夫子既曰:"仁者爱人",又曰:"克己复礼为仁",道德的主体(仁)与道德的规范性(礼)之间的互动,便构成了孔子伦理思想体系构建的主要特征,而孔子的经济伦理思想便是其仁学思想在经济学领域的展开。研究孔子的经济伦理思想，主要的资料是《论语》，此外《左传》及《史记·孔子世家》和《仲尼弟子列传》等，亦可作为参考。

一、见利思义的价值取向

儒家向来重视"义利之辨"，孔子所说"利"的含义与今天所说的"利益"范畴相近，它是指主体对一定对象，如物质财富和权力等的客观需要。"利"是一个反映主客体关系的范畴，它有着不同的历史内涵。从主体的角度来看，虽然"利"作为人的需要源自人类最基本的生存和生理需要，但它又总是多于或高于这种基本的需要，人想得到的总是要比自己所实际需要的要多一点，这是一个客观的心理事实，它促进了人类社会的不断发展。孔子十分强调"利"获取方式的正当性问题，而这种正当性关键在于是否符合"道"抑或"义"的要求。如果符合道义的要求，那追求个人的利益满足并不妨碍一个人成为"君子"。可以说，从强调"利"的获取方式的正当性这一方面来看，儒家的道义论实际涵容了发展为功利论的可能性。

第一，孔子所说之"义"，是相对于"礼"和"勇"等概念而言的，相对于"礼"，即孔子所说"义以为质"，这表明"义"是指礼仪这一外在表现形式的内在根据；相对于"勇"，则表明"义"是一个包含着仁、知在内的范畴，其中既有对勇敢这一行为的动机考量，也有对勇敢之行为的手段考量。综合言之，孔子所说的"义"作为一个伦理道德范畴，其蕴含的主要含义应为仁与礼的统一，而"仁"是指道德的主体性，"礼"是指道德的规范性，"义"就是道德的主体性和道德的规范性的统一。

第二，孔子所说的"利"的含义与今天所说的"利益"范畴相近，它是指主体对一定对象，如物质财富和权力等要素的客观需要。"儒家所谓义利之辨之利，是指个人私利。……若所求的不是个人私利，而是社会的公利，则其行为不是求利,而是行义。"① 我们认为,在公利的层面,儒家确无"义利之辨"的必要,孔子曾讲,"因民之利而利之,斯不亦惠而不费乎?"(《论语·尧曰》)所谓"民之利"即公利也,对这种公利,孔子一贯主张"利之"。

第三,孔子的"义利之辨"是否完全否认私利呢?孔子并不是简单地否定私利,在孔子看来,"利"作为一种需要既然是客观的,就表明它是人之所必需以及不可或缺的,因而对这种需要的满足就具有很大的正当性。对此,孔子毫不讳言自己有一种求利的需求,曰:"富而可求也,虽执鞭之士,吾亦为之。"这也就意味着,即使是在个人利益的层面,"利"与"义"之间也有相通的可能性。

第四,孔子的"义利之辨"所"辨"的是作为个人利益的获取方式的正当性问题。"利"是一个反映主客体关系的范畴,同时也有着不同的历史内涵。从主体的角度来看,"利"作为人的需要虽然源自人类最基本的生存、生理需要等,但它又总是高于抑或多于这种最基本的需要,人想得到的总是要比自己所实际需要的要多一点,这既是一个客观的心理事实,而且从一定意义上说,也正是这"多一点"的需要,促进了人类社会的不断发展,社会正是在满足人类不断增长的各种需要中发展起来的。孔子所说:"富与贵,是人之所欲也",其中"富与贵"就是比人的实际需要"多一点"的东西,而主体具有欲望在于它的心理倾向,这是很自然的,也具有伦理的正当性。然而问题在于,人们对于这种需要的满足是否采取了一种正当的方式或手段?这才是孔子"义利之辨"所关注的。孔子强调"利"的获取方式的正当性问题,在于是否符合"道"或"义"的要求,如果符合道义的要求,即所谓"君子爱财,取之有道",则追求个人的利益满足并不妨碍一个人成为"君子"。从强调"利"的获取方式的正当性这一点来看,儒家的道义论实际上涵容了发展为功利论的可能性。

此外,孔子所强调的"因民之利而利之",是否意味着只要是公利,就

---

① 冯友兰.冯友兰学术论著自选集[M].北京:北京师范学院出版社,1992:282.

可以不顾手段的正当与否呢？这一点之所以值得特别提出，是因为无论是在孔子所生活的春秋时代还是在当今时代的现实生活中，人们似乎可以为了国家利益和集体利益这一共同利益，而使公利在其实现手段和方式上的正当性成为一个无须考虑的不二手段。从孔子强调"德政"来看，孔子是反对为达目的不择手段。再如，在评价晋文公和齐桓公时，孔子认为："晋文公谲而不正，齐桓公正而不谲。"（《论语·宪问》）他说："善人为邦百年，亦可以胜残去杀矣。"（《论语·子路》）说明晋文公之霸业不是建基于"道德"之上，而齐桓公却反之。观《论语》通篇，我们可以发现，孔子曾多次称许管仲为仁，因为他帮助齐桓公成就了春秋首霸之业，"桓公九合诸侯，不以兵车，管仲之力也。如其仁！如其仁！"（《论语·宪同》）而很少称其晋文公，原因就在于晋文公的霸业不是行义所致，而是靠"兵车"所致。因此，即使是公利，也存在着实现方式的正当性，即"义"的问题。

第五，如果孔子的"义利之辨"仅止于"利"的获取方式的正当性层面，则儒家思想与其他思想之间的区别就基本上不存在了。孔子"义利之辨"的核心问题还不只是"利"的获取方式的正当性问题，更重要的是涉及人的价值取向问题。如前所述，孔子肯定了个人物质利益是"人之所欲也"，但是，在现实生活中，为什么人们总是难以以正当的抑或"义"的方式去实现这种需要的满足呢？人们为了追求个人利益的实现，为什么总是置人间的亲情和社会的伦理规范于不顾呢？换句话说，人们为什么总是"见利忘义"呢？孔子认为，最根本的原因就在于人们没有意识到在人类的需要层次当中，存在着比物质利益需要更高的并因此也是更为根本的人类需要，这等同于道德需要。而关于道德需要是否为人的基本需要之一的问题，孔子虽没有明确地说过，但从他对"仁"的人性化解释中可以看出，孔子对这一问题的回答是肯定的。这一论点也属于儒家的基本立场之一。正如后来荀子所说："义与利者，人之所两有也"（《荀子·大略》），是尧舜等圣人所不能"去之"的存在。但是，在这"两有"之中，何者更为根本呢？或者说，何者是第一性，何者为第二性，这才是问题的关键。

孔子的基本看法是："义以为质"与"义以为上"。所谓"义以为质"是指道德（包括道德的主体性即仁和道德的规范性即礼两个层次）在社会价值体系中的本体论地位，它是一种具有独立自足价值的和无须于道德之外再去寻找其存在依据的存在，而以之为行为的依据或出发点，类似于康德所讲的"绝对命令"，是一种不计功利的纯道德行为。正如汉儒董仲舒所云："正其谊不谋其利，明其道不计其功。"（《汉书·董仲舒传》）即人的行为的根据是唯道义是从，如果从功利的角度来考虑行为，则要么是"见利忘义"，要么是"贼仁义"而行之，前者是"小人"，后者是"乡原"。而孔子对于"乡原"最是深恶痛绝，称其为"德之贼也"（《论语·阳货》）。而所谓"乡原"也就是"好好先生"，从表面看，它与孔子所讲的"君子"之"无可无不可"没有什么不同，但它恰恰是"贼"取了"君子"的外衣。在实际上，"乡原"是一种典型的功利主义者，或者说是理性的利己主义者。这种人并非不讲道德，而是把道德当作某种工具来考量，当作其获取"利"的一种成本来核算。换言之，道德对于他们来说是第二性的存在，是服务于第一性的"利"的工具性的存在。而道德一旦失去其第一性的地位，它便不再是作为"绝对命令"来向主体颁布，道德律令的普遍性和强制性就会大打折扣，而一个人的讲道德也就会是一种有限度地讲道德，即他不可能讲中国古代经济伦理道德到"杀身成仁"和"舍生取义"的地步。孔子及儒家正是从这一角度考虑，所以才不愿意放弃道德的第一性或本体论的地位。当然，如何在理论上去证立道德的这种本体论地位，始终是儒学所面对的理论困境之一。

所谓"义以为上"，是指道德需要即"义"在与人的其他需要，如"利"的需要在比较选择中具有被优先考量的地位，这也就是"见利思义"。孔子所说的"见利思义"一语，"见"字最为关键。因为，它说明"义"之考量即"思义"是在"利"与"义"发生矛盾的情况下才是必要的。孔子认为，只有在极限状态下，"义以为上"才会采取"利取义"的方式，而在一般的情况下，"义以为上"所要求的方式是"重义轻利"。"轻利"不等于不讲"利"，更非"舍利"，它只是相对于"义"而言较次而已。为什么"义"的考量在价值选择中具有这样的优先性呢？孔子认为："放于利而行，多怨。"即按照"利"的标准来决定行为之当否，容易招致别人的怨恨，而单纯就"利"的实现而言，如果处于这样一种"多怨"的环境之下，也是难以满足主体利益实现最大化的要求。所以，从"利"的最大化出发，"义"的优先考量也是必要的。从这一角度来说，孔子及儒家实际上是把"利"包含于"义"之中。一些学者认为，孔子是纯粹的道义论者，并举孔子"君子谋道不谋食"和"君子忧道不忧贫"为证，但是，这是一种断章取义的做法。因为，孔子在谈到这一问题时，明明是这样说的："君子谋道不谋食。耕也，馁在其中矣；学也，禄在其中矣。君子忧道不忧贫。""谋道"与"忧道"，这是"君子"的主业所在，而如何去"谋道"呢？孔子认为是"学也"。而"学"在孔子看来不仅可以掌握"道"，而且"禄在其中矣"，精神文明和物质文明尽在"学"之中。可见，孔子的"义利之辨"既有其本体论层面的考量，也有其功能论层面的考量。孔子不是单纯的道义论者，更不是如一些人认为的那样是将"义"与"利"对立起来的思想家。后来孟子将此思想作进一步的发展，提出"何必曰利"的命题，至宋明理学，更是提出"存天理，灭人欲"的思想，这才将"义"与"利"对立起来。我们不能从宋明儒家"义利之辨"思想去反推孔子的思想也是如此。

第六，"义与之比"是孔子"义利之辨"中的最高境界。它强调了"义"在主体行为选择标准中的唯一性，它与孔子所讲的"仁者安仁"和"仁者不忧"思想是相同的。毫无疑问，从这种思想来看，"利"的考量对于"君子"人格构建来说确是一种消极的因素，我们都可以看到孔子对于"君子"的要求总与对"利"的鄙薄相关联，如在孔子看来，一个有志于"道"的人，如果又"耻恶衣恶食"，这种人"未足与议也"，即根本不值一提，又说"士"如果贪图安逸，也"不足以为士矣"。但是，这是否意味着一个人要成为"君子"就必须以"安贫"为前提呢？或者反过来说，一个人"处富"就不可能"乐道"呢？在这一问题上，孔子的态度可以从以下两方面来看。

一方面，孔子认为"邦有道，贫且贱焉，耻也；邦无道，富且贵焉，耻也"。(《论语·泰伯》)这就是说,对物质财富的鄙薄与否,是以国家是否"有道"为前提的,如果是在一个"邦有道"的时代,一个人仍然过着"贫且贱"的生活的话,这是可耻的。从这一点来看,孔子的"义利之辨"并不是抽象的道义论者。因为,在一个"有道"的时代,作为"君子"不仅有着追求"富且贵"的必要性,而且也有着追求"富且贵"的正当性。换言之,一个人就不一定非得"安贫"方能"乐道",而是"安富"也可以"乐道",富贵(利)与乐道(义)之间并不是完全对立的。仅是因为孔子所处的春秋时期乃是一个"无道"的时代,所以,对于"君子"而言,对"利"的追求与对"道义"的追求存在着难以调和的矛盾,孔子才把"义与之比"当作"义利之辨"的主要标准来要求"君子"。因此,我们必须看到孔子的"义利之辨"所包含着的具体的历史内涵,而不能对之作一种抽象的伦理学理解。

另一方面,孔子认为"安贫乐道"固然是"君子"人格的最高境界,但仅此也是不够的,因为"君子"作为一种人格符号,同时也代表着社会的某个阶层。我们知道,"君子"范畴首先属于社会势力中的知识阶层(《论语·卫灵公》),"君子"在人们心目中至少不应该只是一个经济范畴,还有一个道德范畴。从子路问孔子"君子亦有穷乎"的阶层,当然在事实上存在着"君子有穷"的可能性,但这种可能性在"君子"心目中也是暂时性的。从整体和常态来说,"君子"阶层的社会地位和经济地位都是"小人"所无法比拟的,这就意味着在"君子"不仅有"贫而乐道",也有"富而乐道"。《论语·学而》载:"子贡曰:'贫而无谄,富而无骄,何如?'子曰:'可也。未若贫而乐,富而好礼者'。"人穷志短,所以易谄;财大气粗,所以骄人,这是人生的常态。故"贫而无谄"与"富而无骄"也可以说是人的道德主观能动性的表现之一,但孔子认为,仅做到这一点还不够,更高的境界是"贫而乐"和"富而好礼"。因为"贫而无谄"只能说明人穷志不短,体现了一种道德意志的力量,但在道德境界上仅相当于孔子所说的"狂狷之士",即道德对于他来说还具有"他律"性质,尚未内化为一种主体的内在需要,尚未把道德当作一种"乐而为之"的对象来追求,属于"克己复礼为仁"而非

"仁者安仁"之境界层次。同样，"富而无骄"也只是一种自谦之道，而自谦往往有两种可能性：一种是确实意识到自己作为存在的有限性，意识到物质财富的多少并不能代表人的真正的价值所在，所以，在道德修养上还需要主体的不断进益；另一种是认为财富的聚集程度还不够，所以，还需要不断增进自己的财富。从后一种情况来说，"富而无骄"有可能走向一种"富而有吝"。孔子说："如有周公之才之美，使骄且吝，其余不足观也已。"(《论语·泰伯》)朱子引程子语注曰："骄，气盈。吝，气歉。愚谓骄吝虽有盈歉之殊，然其势常相因。盖骄者吝之枝叶，吝者骄之本根。故尝验之天下之人，未有骄而不吝，吝而不骄者也。"(《论语·泰伯》)"无骄"有可能是"吝"的一种表现形式，而"吝"又是一种隐性的"骄"，是一种道德的虚伪化形式，相当于孔子所说的"乡原"，乃"德之德也"。所以，孔子认为"富而无骄"不若"富而好礼"。随着自身经济地位的提高，僭越礼仪之上的社会地位亦会提高，而非不行礼仪。在春秋时期"礼崩乐坏"的背景下，若一个人仍能表现出"富"能"好礼"，则体现出道德主体力量在起作用。

由上可知，虽然孔子的"义利之辨"强调道德，即"义"本身的独立自足价值（这一点也是孔子的经济伦理思想区别于晏子的根本之处，即后者是功利主义者，而孔子则是德性主义者），但这并不意味着孔子的经济伦理思想是一种以"贫穷"为基础的道德快乐主义，而是包含着在富裕情况下主体的道德修养的理性考量问题。当然，孔子也注意到了"贫而无怨难，富而无骄易"(《论语·宪问》)这一事实，使得"义"和"利"的矛盾在孔子的思想中显得似乎更为突出一些，但是，也不能由此而认为孔子的"义利之辨"是只讲二者之间的对立而不讲二者之间统一的"忘利主义"。

二、富国安民的生产观

在"仁者爱人"的命题中，"立人""达人"与"兼善天下"等仍是孔子所力求实现的理想目标。孔子说："修己以安人"和"修己以安百姓"(《论语·宪问》），但是，"安人"和"安百姓"应当采取何种方式来推进呢？孔子认为必须实行以"为政以德"为主要特征的"王道"政治。而"王道"政治的具体内涵：首先，是要创造出一套尽可能符合社会正义的制度体系，即《尚书·洪范》中所谓"无偏无党，王道荡荡；无党无偏，王道平平；无反无侧，王道正直"。孔子认为周礼就应该是这样的制度安排，故欲恢复之，即"复礼"。其次，就是发展经济。孔子认为，欲实现"王道"政治的理想，关键在于如何赢得民心。而民心之得，除了统治者实行"为政以德"外，还必须充分考量到民众的利益和需要。孔子说"小人怀土"和"小人怀惠"，老百姓最关心的是土地与物质上的实惠，这是毋庸置疑的事实。倘若不能在经济上解决百姓的实际生活问题，则所谓"德政"就会变成为一种空洞的说教。因此，孔子主张以"富民"为重点的富国之道，提出了著名的"庶、富、教"论。

如何理解孔子的"义、富、教"？笔者认为，应该将之与孔子职业伦理观联系起来一并考察。孔子指出了"君子喻于义，小人喻于利"的分殊，这在一方面来说，是一种严格区分的思想，而在另一方面来说，也是一种职业分殊的观点。因为在孔子看来，整个社会中实际上存在着不同的社会阶层，如公、侯、伯、大夫等贵族阶层，以及士、农、工、商"四民"阶层。尽管社会这种分层具有世袭的特征，但是，在春秋战国时期，社会各阶层间的纵向升降与横向位移已并不罕见，尤其是孔子的"有教无类"教育学主张及其兴办私塾教育的实践，对此贡献甚大。不过，这并不意味着孔子欲抹杀社会各阶层的界限，也不表明孔子的"利"只属于平民所有。孔子提出"义利之辨"，一方面是以"君子""小人"作出总结，强调不同的道德人格和阶级差异之间的关联，但另一方面又明确指出"富与贵，是人之所欲也"，这就是说"利"的需要并无"君子"和"小人"之分。笔者认为，这种看似矛盾的表述实际上反映出孔子这样的思想：即社会不同的阶层尽管有着不同的获"利"途径与方式，但是在伦理上他们的正当性要求却是具有一致性的。从这一点，我们可以看出孔子的经济伦理思想的德性主义特征。

如"君",由于国家的巩固与强大即君主之"利"在于是否得民心,而得民心的关键又在于老百姓是否富裕。孔子曰:"百姓足,君孰与不足?百姓不足,君孰与足?"(《论语·颜渊》)所以,作为统治者就必须"因民之利而利之"。孔子带领弟子周游列国抵达卫国时,看到卫国人口众多,弟子冉有问:"既庶矣,又何加焉?"孔子答:"富之。"冉有再问:"既富矣,又何加焉?"孔子再答:"教之。"(《论语·子路》)由孔子的"庶、富、教"论可知,"富民"是国"利"之所在,因为,百姓不"足",以作为君主的影响来促进"富民",这是统治者的职责所在。如何"君"就不可能"足"。而统治者为了自己之"足",就必须富民。孔子认为,作为统治者必须做到"道千乘之国,敬事而信,节用而爱人,使民以时"(《论语·学而》)。"节用",即国家在财政开支上尽可能节省,此为节流。而"使民以时",即让老百姓按时从事农业生产,遵循农业生产的规律,此为开源。《左传·桓公六年》有"谓民三时不害,而民和年丰也"之说,所谓"三时",即春、夏、秋三季,正是农业生产的播种、生长与收获的时期。古代社会因为统治者的徭役繁杂,所征不时,经常影响农业生产。故"使民以时",这是传统社会统治者是否"爱民"的标志之一,也是一个国家经济是否能得到发展的重要保障。孔子还主张统治者"惠民",他说"惠则足以使人"(《论语·阳货》),即施予百姓以实惠,就可以调动劳动者的生产积极性,而且作为统治者在施"惠"时应注意方法,不要像"有司"一样,"犹之与人也,出纳之吝"(《论语·尧曰》),即施人以财物,出手却十分的悭吝,犹如库吏之所为,这样收不到"惠民"的效果。正确的施"惠"方法是"因民之利而利之",这就是所谓"惠而不费"(《论语·尧曰》),即既给老百姓以好处,但统治者自己又没有什么耗费。孔子的这一思想与管子的"如以予人食者,不如毋夺其事"(《管子·侈靡》)之思想类似,都是一种管理效益论观点。总之,孔子强调"惠民",把"君足"与"百姓足"相联系,又把"节用""使民以时"和"惠而不费"这一德政要求作为实现"君足"与"百姓足"的必要条件,从而把"君"之财富问题转化为了一个"君主"的伦理道德问题。

如"士",由于在春秋时期士作为特殊的社会阶层,即他们是"贵族之末,四民之首",在经济地位上有着极大的依赖性。这一点既为士的弱点,但未尝不是士的优点。因为,士在经济地位上的无根性恰恰可以使他获得一种认识的客观性前提,其思想认识更能够兼顾到社会不同阶层的利益需求。孔子也是这样来定位士的,他说:"君子谋道不谋食。耕也,馁在其中矣;学也,禄在其中矣。"(《论语·卫灵公》)这就是说,在孔子看来,士对于社会经济发展不在于他直接从事劳动生产,孔子认为士人无须学稼学圃,他通过向统治者规劝,使之建立起一个信赖的社会体系和理性的制度安排,从而减少社会管理的成本,间接地促进生产的发展。这就是当今世界所讲的管理出效益。众所周知,在自然经济形态之下,生产力的发展除了生产工具这一技术进步因素之外,更重要的是人口因素,人口的多寡及其质量水平往往是衡量一个国家兴旺发达的重要标志之一。所以,对统治者而言,如何有效地组织劳动者从事生产,如何提高劳动者的生产积极性以及如何吸引更多的劳动力,乃是国家政治的核心内容,是为"大道"。孔子认为,要达到这一目标,只有德政,他说"上好礼,则民莫敢不敬;上好义,则民莫敢不服;上好信,则民莫敢不用情。夫如是,则四方之民襁负其子而至集,焉用稼?"(《论语·卫灵公》)确实,如果在上者为政以德,使百姓信服,积极性得到提高("用情"),社会的向心力与凝聚力便会得到加强,士又何必一定去学稼圃之事?以此而言,士之"利"存在于士之"学"中。士之所"学"主要不是农业生产技术,而是儒家之"道"。因此,一方面可以说是"君子谋道不谋食",但另一方面未尝不可以说"君子之食"存在于"君子之道"中。换言之,存在于经济管理的伦理之中。

如"民",孔子认为他们是"喻于利"的"小人",是从事"稼圃"等农业生产的"劳力者"。孔子对生产劳动表现出一种道德上的关注更多的是从"士"与"民"在创造物质财富的比较中而生发出的一种效益论观点。因为,毕竟"富民"是孔子经济思想的核心。"富民"并不只是统治阶级的一个管理问题,而且也是需要劳动者本身去积极投入生产劳动的问题。在提高农民的生产积极性方面，孔子认为，除了政策的引导外，还必须对农民进行教育。所以，孔子关于"富民"的思想又是与其"教民"思想相互关联的。这就是说，在孔子看来，"富民"问题并不是一个单纯的物质方面的问题，而且也是精神方面的问题。孔子指出，"富足"并不能成为一个国家强大的唯一指标，一个国家的强大主要表现在这个国家的"综合国力"上，它主要包括三个方面，即"足食、足兵、民信"。而在这三者之中，如果不得已要去其一的话，孔子认为，首先是"去兵"，如果还不得已要去其一的话，孔子选择"去食"，而唯一不能去的是"民信"，因为"自古皆有死，民无信不立"（《论语·颜渊》）。正是基于这一点，孔子认为必须重视对百姓的教育。

另一方面，孔子认为，"教民"不仅是提高劳动者生产积极性从而实现"富民"目标的主要途径，而且也是提高劳动者道德素质并使劳动者确立正确财富观的必由之路。孔子意识到，一个人在富裕之后，如果不提高自身的道德修养，会产生一种"富而骄"或"饱食终日无所用心"的不良道德状态，而这一状态反过来会对经济发展和社会稳定造成不良的影响。这也就意味着物质财富虽然是道德思想意识的基础，但是人的道德水平并不是物质财富的自然延伸，二者之间并不具有必然的同步性关系。管子所谓"仓廪实而知礼节，衣食足而知荣辱"（《管子·牧民》），其实仅看到了经济基础对伦理道德意识的决定作用，而未能发现人的道德意识所具有的相对独立性。因此，孔子认为，要使人做到不仅"贫而无谄，富而无骄"，而且还要使人做到"贫而乐"和"富而好礼"（《论语·学而》），不对百姓进行教育是不行的。因为只有教育才能使人既承受生命之"重"（劳动），又承受生命之"轻"（闲适）。教育的主要内容既包括具体的技术知识，还要包括以礼仪为核心的道德知识。孔子主张"礼下庶人"，并认为"有教无类"，肯定了"庶人"成为"士君子"的可能性。这些都说明孔子的"富民"思想并没有局限于经济领域，没有仅以成就"经济人"为己任，他始终和道德问题相联系，与成就"君子"抑或"道德人"相联系。

对于商业活动的看法，是理解儒家经济伦理思想的重要内容。这是因为，自西周以来，农业的"本事"地位一直使人们对于商业这种"末业"地位存在着一种伦理上的轻视。但是，从前面章节有关商业的经济伦理思想论述中，我们还可以看到春秋后期的商业发展及商人阶层在政治舞台上的表现，使人们不得不从伦理上对之进行重新审视与评价。子产是孔子所赞许的春秋历史人物中唯一没有微词的思想家，孔子曾说："以是观之，人谓子产不仁，吾不信也。"(《左传·襄公三十一年》)对子产"为政以宽"的思想，孔子尤其赞赏(《左传·昭公二十年》)，子产卒，孔子闻之，"出涕曰：'古之遗爱也。'"(《左传·昭公二十年》)由此足见子产对孔子的影响之深。在商业伦理思想方面，孔子曾明确地提出要把自由贸易原则作为商业交换的基本经济伦理要求。当时鲁国的大夫文仲设置"六关"以阻碍商人的自由贸易，孔子认为，这种做法是"不仁"的行为(《左传·文公二年》)。在孔子的学生中，子贡擅长经商之道，"废著鬻财于曹、鲁之间"(《史记·货殖列传》)，"家累千金"(《史记·仲尼弟子列传》)。对此，孔子曾将他与颜回相比较，曰："回也，其庶乎，屡空；赐不受命，而货殖焉，亿则屡中。"(《论语·先进》)在这里，孔子一方面是在感慨春秋时期"道德与物质财富"之间的二律背反关系，另一方面也是默许了子贡把经商致富作为士人生存之道的做法。孔子这种对待商业的态度，在中国古代经济伦理思想史上是有独特地位的。胡寄窗先生说："在中国，与战国后期以来两千多年中极端轻视商业的流行观点相对比，却是很突出的。"[1]胡先生还指出，为什么孔子坚决反对儒者抑或士人阶层从事农业与工业的体力劳动而对待商业经营却采取另外一种态度呢？唯一可能的解释就是春秋后期商业已有长足的发展，富商大贾也是不直接参加生产劳动而进行剥削的阶级，在这一点上，商贾与儒者阶层是一丘之貉，且新兴商人阶级中必然有许多人已渗入当时的知识阶层。这些客观条件促使孔子不得不对商业经营采取另一种态度。孔子关于自由商业的理念还与其周游列国求仕的职业自由思想相关。因为，虽然孔子视出仕为

---

[1] 胡寄窗.中国经济思想史简编[M].北京：中国社会科学出版社，1981：43.

士人的职业选择之一，但他并不强调一定要仕于"父母之国"，"有道则从，无道则止"，这是孔子出仕的唯一原则。孔子对于柳下惠"三"而不离"父母之邦"不以为然（《论语·微子》）。所以，在很大程度上，孔子时代的儒家作为一种职业（无论是其本来的职业——相礼，还是其理想的职业——做官）其本身就具有自由职业的特点。当然，这种自由是建立在一种没有任何经济基础之上的自由。也正是由于春秋时期社会的治乱需要，这使得社会对人才的需求显得供不应求，才使得儒家等士人群体获得了一种比较自由的生存空间。但是，应该注意到，孔子在率弟子周游列国的过程中注意到经济问题是困扰儒家群体生存的严重问题之一。因为，在"天下无道"的情形下，如果固执于孔子的出仕原则，到处流浪（也是自由的一种形式）就成了一种必然的结局。如何在固守"道"的情况下解决儒家的生存问题，经商看似是孔子及其儒家所不得不做出的一种职业选择，而当时"工商食官"格局的破解也使得这种选择成为可能。事实上，子贡的经商活动对于孔子儒家群体生存的意义是不可低估的，《史记·货殖列传》评曰："子贡结驷连骑，束帛之币以聘享诸侯，所至，国君无不分庭与之抗礼。夫使孔子布扬于天下者，子贡先后之也。此所谓得势而益彰者乎？"这些都是促使孔子具有不同于占主流地位的"贱商论"的客观原因。此外，孔子早年随母亲到都城谋生的经历也应是使孔子对商业有一种亲近感的重要原因之一。

总之，孔子对于生产劳动的态度持有一种职业伦理学的观点。一方面，他对农业劳动存在一种伦理上的鄙视，这反映出孔子经济伦理思想的阶级性本质；另一方面，他又提出了不同的职业应有不同的伦理要求。孔子拒绝樊迟的学"稼"要求，这一事件应该视为孔子对儒学的一种学术定位，即儒学乃"君子之学"，因而他所考虑的问题是有关统治者如何治国安民与发展经济等管理学方面的问题。以此而论，我们可以看到，孔子经济伦理学的主要特征是"人本"管理。由于这里所谓的"人"主要是指一种具有道德人格即"君子"型的人，而非其他类型的人，所以，它也是一种伦理管理。

三、均而安的分配观

孔子的"富民"之道是把经济的发展看作社会稳定的物质基础，然而，仅此是不够的。因为影响一个社会稳定的因素是多种多样的，但仅从经济关系方面来看，分配问题可能显得更为重要。在这一问题上，孔子主张要确立一种有利于社会稳定的分配制度，并提出了著名的"均安论"，孔子曰："丘也闻有国有家者，不患寡而患不均，不患贫而患不安。盖均无贫，和无寡，安无倾。"(《论语·季氏》)从字面上来看，"寡"者，少也；"贫"者，穷也。少与贫，有联系，但又不同。所同者，二者皆是指一种物质上的短缺状态而言；而不同者，"寡"之为"少"是一种分配意义上"较少"，它源自分配上的不均；而"贫"之为"穷"则是一种实际生活状态上的贫穷。这种区别正如一个人的财产较之周围的一些人要少些，即"寡"，但这并不意味着他就贫穷。如果说"寡"是指一种"穷"，那也是一种"相对贫困"，而"贫"的意义是指一种"绝对贫困"。而当人处于"绝对贫困"状态时，就容易铤而走险，孔子说："君子固穷，小人穷斯滥矣。"(《论语·卫灵公》)又说，"好勇疾贫，乱也。"(《论语·泰伯》)而"乱"就是"不安"。可以看出，孔子最担忧的不是"相对贫困"（寡），而是分配不均；也不是"绝对贫困"（贫），而是由此导致的社会不安定。

要说明这一问题，我们还必须联系这段话中的后面三句，即"盖均无贫，和无寡，安无倾"。根据孔子这段话的后三句，前两句似应改作"不患贫而患不均，不患寡而患不安"，"均无贫"中之"均"，依朱子所注，乃"各得其分"之意。而这个"分"也就是依照封建等级制度所规定的权利之"分"，这就意味着孔子所说的"均无贫"并不是通常所理解的平均主义。孔子的意思是，只要能够"均"即分配公平，则贫富差异就不会扩大，也就不会有"绝对贫困"，但"相对贫困"还是存在的。由于"相对贫困"实际是源自周代礼制的差级安排，为当时社会秩序建构所必需，所以"相对贫困"是客观存在且无法消除的。而要消弭由"相对贫困"所引起的社会矛盾，孔子认为，只有通过"和"，也就是"先王之道"所蕴含的"礼之用，和为贵"之"和"。而这种"和"表现在政治上，就是前述的"德政"，即以"道之以德"为基础的"齐之以礼"，简言之，即孔子所谓之"仁"。因为"仁和"，则由礼制差异所产生的"寡"即"相对贫困"就不再存在。所以，我认为，如果说"均无贫"是强调"齐之以礼"以消除"绝对贫困"，那么"和无寡"则是强调"道之以德"来消除"相对贫困"。

但是，由于制度安排所产生的财富分配不均（平均）以及由此而引起的社会矛盾虽然可以通过"为政者"的仁德来加以缓和，但是这还不足以从根本上解决问题。孔子认为，真正的问题在于：相对于人们的欲望而言，物质财富的满足实现总是处于一种"欠饱"状态，而要使人们从这种"欠饱"状态中解脱出来，这就必须有一种"正确的"财富观，这就是孔子所倡导的"义利之辨"。如前文所述，孔子关于"义利之辨"的总的看法是，一方面承认人的物质欲望的本然性，即所谓"富与贵，是人之所欲也""贫与贱，是人之所恶也"（《论语·里仁》）。另一方面又强调满足物质欲望的方式的正当性，即所谓"君子爱财，取之有道"，或"不义而富且贵，于我如浮云"（《论语·述而》），这就是说，在孔子的思想观念中，物质生活需要只是人的需要的一个组成部分，人除了有物质需要之外，还要有精神方面的需要，而且相对而言，后者是人的一种更为本质的需要。孔子说"君子谋道不谋食""君子义以为质"（《论语·卫灵公》），追求"道义"是人之所以为人的标志之一。当然，孔子也承认，物质需要对于人的精神来说起着决定性的作用，但是，人的精神也有对物质需要的主观能动性，如"君子固穷"与"小人穷斯滥矣"，就是两种完全不同的态度，后来孟子也说："无恒产而有恒心者，惟士为能。若民，则无恒产，因无恒心。"（《孟子·梁惠王上》）这表明孔孟儒家对于道德的相对独立性及其意义有着充分的认识。总之，"安贫乐道"是"君子"人格主要价值取向之一。由此再来看孔子的"安无倾"，就会知道所谓"安"，主要是指一种由主体的"乐道"而来的"安"，因为"乐道"，所以能"安贫"，因为能"安贫"，所以就"无倾"，即无倾覆的危险。

由上可知，所谓"不患寡而患不均，不患贫而患不安"，反映了孔子对如何解决"寡"和"贫"的方式的一种"患"，即担忧。而"盖均无贫，和无寡，安无倾"，则是从整体上来提供解忧之方。本来孔子所"患"者只有"二"，而提供的解"患"之方却有"三"，这说明我们不能简单地将后三句与前两句联系起来，更不能因为圣人之说，而认为孔子所谓之"寡"和"贫"是分别指"财富"与"人口"而言。"寡"和"贫"应分别指"相对贫困"与"绝对贫困"，但无论是何种贫困，都会与社会财富的分配方式有关。所以，孔子提出"均无贫"，实际上指如果通过制度安排上的合理化能够解决"绝对贫困"的话，"相对贫困"的制度层面解决也就包含于其中。但问题是，无论是何种意义的贫困，都不只是一种物质上的贫困，而且还是一种精神上的贫困，而精神贫困是"相对贫困"的另一种形式，它实际上是一种对现有物质生活状态存在不满足感，而且这种不满足感又主要存在于统治阶级内部。孔子认为，这才是社会不安定的真正原因所在，而要解决这种"贫困"，制度层面的变革是不可或缺的。这是因为，无论社会分配制度如何公平，都不可能是一种绝对意义上的平均主义，都会存在各种各样的不平均，且这种不平均已是一种"正直"的"王道"，社会分配的不均恰恰是因为礼制失范对于效率的消极影响。孔子认为，这是以周礼为代表的政治体制理论所致，即只要人们能按周礼来取财，就可以复归于"王道"。但是，我们知道，周礼的主要功能是"辨异"，这种"辨异"功能如果过度张扬的话，不仅会在客观上造成人们在物质财富上的差异扩大，并有陷入"绝对贫困"的危险，而且还会在主观上造成人们"相对贫困"的心理，这样，"不安"现状之心就必然会产生。而要解决这一问题，孔子认为，必须从两方面入手，一是"道之以德"，即行仁政；二是加强主体的道德修养，即"乐道安贫"。前者即"和无寡"，后者即"安无倾"。所以，孔子所说的这段话的中心思想是"均安论"，即着眼于从制度安排与道德建设的两个层面来解决分配正义问题，而非"均无贫"论，后者主要是只涉及制度安排的正义问题。

孔子的分配观是不同于晏子"权有无，均贫富"的分配观，后者是一种纯粹的制度经济伦理学观点，而孔子经济伦理思想的着眼点不仅有制度经济伦理学的考量，而且还把主体道德修养和分配正义问题相关联，这在中国经济伦理思想史上也是十分独特的。

四、奢与俭的消费观

"利"作为主体欲望的对象在外化为一定的物质财富形态时，它是与人们的消费观相联系的。在自然经济条件下，由于当时生产力的水平低下，社会物质财富的供给和人们的消费需求之间总呈现为一种"短缺经济"状态，因而在消费问题上官府与社会一般都提倡一种崇俭去奢的生活态度，这与现代市场经济经常要靠扩大社会消费需求来拉动整个经济的发展是截然不同的（管子的观点则是一个例外）。孔子的消费观从整体上说也是以提倡节俭为主的，但它又与其"仁""礼"思想联系在一起，具有自身的特征。

第一，消费应体现仁爱思想。"仁"是孔子思想的核心，而仁的主要内涵是"仁者爱人"。如何"爱人"呢？孔子认为可以从消极和积极两方面进行。从消极的方面说，"爱人"之道就是"己所不欲，勿施于人"，是为"恕"道，也是一种底线伦理，是人人皆能做到的伦理；从积极的方面说，"爱人"之道是"己欲立而立人，己欲达而达人"，是为"忠"道，也是一种高阶伦理，孔子认为这不是每一个人都能做到的，即使是尧舜，"尧舜其犹病诸"（《论语·雍也》）。孔子的忠恕之道虽然作为一种伦理原则具有普适性，但对于不同的人还是有不同的伦理偏向，如就其"立人、达人"思想而言，这主要是对统治者所提出的要求。既然如此，孔子所倡之以仁爱为基础的消费观便同样具有政治伦理学的意蕴。换言之，孔子是从"治国"即国家财政开支的角度来考量消费问题的，孔子曰："道千乘之国，敬事而信，节用而爱人，使民以时。"（《论语·学而》）"节用"则意味着可以"薄赋"，"爱人"才能落到实处，同时，"节用"也意味着"轻徭"，这样"使民以时"才有真正可能。孔子认为，"小人怀惠"和"养民也惠"（《论语·公冶长》），而百姓的"惠",即好处、实惠之由除了能获得土地之外,还在于统治者能否在自身和官府的消费上"节用"。

不过,从治国的角度来要求统治者在消费上节俭毕竟具有外在强制性的功利色彩,倘若仅止于此,孔子的消费观仍然属于政治伦理学的范畴。如前所述,孔子在"义""利"问题上特别肯定了仁义道德的价值自足性与其本体论地位,从而使道德需要成为人的内在需求和最高需要之一。这就是说,在孔子看来,"节用"作为一种消费伦理要求虽然与人的自然消费需求倾向相矛盾(因为"富与贵,是人之所欲也")。因为治国需要,国家在财政上"节用"是成就士君子人格的主要标准,孔子曰:"君子忧道不忧贫。"更主要的原因是,"节用"是人的内在的道德需求,作为士人应"食无求饱,居无求安"(《论语·学而》),"而耻恶衣恶食者,未足与议也。"(《论语·里仁》)如孔子评价颜回:"一箪食,一瓢饮,在陋巷,人不堪其忧,回也不改其乐。"(《论语·雍也》)这种安贫乐道的精神正是儒家理想人格的内在要求在消费问题上的表现。由此来看,孔子的消费观实际上是其道德观的表现形式之一。作为一种道德消费,它与一般的消费不同,后者把消费看作一种经济学意义上的行为,如早期资本主义的节俭就是所谓新教伦理消费观,是为了资本的原始积累,实现更大规模的再生产的目的。而儒家则认为,虽然消费是对"物"的消费,但它更是一种精神消费,是道德消费借助一定的物质形式,只具有生物学的意义,物质消费因而也只是道德消费,只是追求一种精神满足的工具。当然,道德消费不一定导致在物质消费上采取节俭的形态,但在自然经济条件下,这又具有历史的必然性。需要特别指出的是,孔子的道德消费观虽然是"节俭"式的消费观,并提倡安贫乐道的精神追求,但是,他并没有将人对物质消费的需求与道德人格的成就完全对立起来,这与宋明理学家们的"天理人欲"之辨具有根本的不同。

第二,消费是按礼的等级标准来进行的。如前所述,在消费问题上孔子并没有将"人欲"看作"道欲"的必然对立物,倘若是那样的话,则意味着人只有"安贫"才可能"乐道",而这是否同时意味着"处富"就不能"乐道"，或"乐道"就必然贫穷呢？这种德福之间的悖论虽然是中国古代历史的常态，但绝非孔子的追求。从整体上讲，孔子是一个低消费主义者，但是，孔子所谓之低消费有两层含义：第一层是要量力而行。如颜回死后，其父颜路要求孔子卖掉车子为弟子置椁，但被孔子拒绝。表面上看，孔子的理由似乎是"以吾从大夫之后，不可徒行也"（《论语·先进》），而实际上，根据礼仪规定，"君松椁，大夫柏椁，士杂木椁"（《礼记·丧大记》），甚至于"自天子达于庶人"皆可以用椁（《孟子·公孙丑下》），可见，用椁与否并不完全是一个礼仪问题，椁的礼仪在于其木质与大小尺寸方面，但不用也不算违礼。所以，用椁的标准实际上有两个：一个是礼仪所规定的木质与尺寸大小上，另一个是个人的经济条件，即所谓"称家之有亡。有，无过礼；苟亡矣，敛手足形，还葬，悬棺而封"（《礼记·号》）。显然，颜路之请恰恰是因为它超出了其自身的经济承受能力而为孔子所拒。第二层是要依礼而行。孔子认为，一个人的消费水平不仅应符合个人经济条件，而且还要与自己的社会地位和身份相合，如上面提到的孔子之所以拒绝颜路之请的理由是"以吾从大夫之后，不可徒行也"，就是为了维护自己作为大夫之后的种种体面要求；再如，孔子认为，像晏婴那样一件狐裘穿三十年，甚至在出使楚国时也穿着这件衣服，与国相身份不符；还有，在当时更多的情形是许多贵族在消费享用猪腿时连盘子都放不满，这便不是节俭而是吝啬，因为他们与晏婴一样，消费上有悖于自己的身份规定要求。再一类，如孔子评鲁国大夫季氏"八佾舞于庭"（《论语·八佾》），孔子认为这是一种"是可忍，孰不可忍也"的越礼之举，应群起而攻之；再如为孔子称许以"仁"的管仲，"邦君树塞门，管氏亦树塞门；邦君为两君之好，有反坫，管氏亦有反坫。管氏而知礼，孰不知礼？"（《论语·八佾》）。

在孔子时代，随着经济社会的发展，个体消费的考量实际上具有经济和伦理的双向维度，且这两者之间又是相互影响的。一方面，随着经济状况的不断改善，个体具有了更高的消费需求，而这种需求有可能与传统礼仪的规定不相符合，从而导致"越礼消费"现象的产生。而"越礼消费"现象一旦普遍化，则意味着它向传统伦理提出了新的变革挑战。对此，孔子的态度如何呢？首先，在根本的礼仪制度上，孔子是坚决反对作任何的变更，如上文提到的季氏"八佾舞于庭"及管仲之"树塞门""有反"等，皆是因为这些消费需要涉及君臣之礼这一有关封建等级制度的维护问题，因此，孔子坚决反对。其次，在一些根本的礼制无大碍的礼仪方面，孔子是主张作某些变革的，如根据传统礼制规定，礼仪是贵族的特权，所谓"礼不下庶人"，而孔子则根据春秋时期社会生产力水平的提高，适应下层群众对礼仪的需求，提出了"礼下庶人"的思想，这在一定程度上满足了人们日益增长的消费需求；另一方面，由于一部分贵族不能适应新的社会生产力的发展，其维护传统礼仪所需要的物质条件越来越难以得到保障，如孔子之所以不愿意卖掉车子来为颜回置椁，原因是他作大夫之后，不能徒步而行，而实际上也是因为当时孔子的经济条件不允许他这样做。所以孔子主张："礼，与其奢也，宁俭。"（《论语·八佾》）又如，孔子曰："麻冕，礼也；今也纯，俭，吾从众。"（《论语·子罕》）可见，礼仪趋于简化实属无奈。总之，在消费问题上，孔子的观点是：一方面，消费必须依礼而行，尤其是在涉及根本"礼制"问题时，不能有任何商量的余地，如"子贡欲去告朔之饩羊"，孔子批评道："赐也！尔爱其羊，我爱其礼。"（《论语·八佾》）另一方面，消费也应随经济水平的变化而做出或简或繁的调整。

综上所述，孔子的经济伦理思想构建是以"义利之辨"为基础，以"富国安民"为中心，以德政主义为手段，实现经济发展和社会稳定的政治目的。从中可以得出结论：在经济与道德的关系问题上孔子的思想可概括为一种经济的、道德本质论观点，即强调道德价值性，道德是目的，而经济只是实现道德目的之手段，这点不仅对于"君子"如此（"君子义以为质"），而且对于一般百姓也是如此（百姓"足"之后需要对之进行"教"）。经济的发展不仅离不开伦理管理模式的介入，也有赖于主体道德水平的不断提高。有鉴于此，可以说，孔子的经济伦理思想是德性主义的。

第五节 儒家经济伦理思想的发展

公元前475年至前221年，史称战国时期。政治方面，经过春秋时期激烈的兼并战争，到这时已逐渐形成了齐、魏、赵、韩、秦、楚、燕七大国争雄的格局。而这些大国为了在战争中取得胜利，为了实现统一全国的野心，皆进行了以巩固和完善封建制度为主要内容的变法运动。经济方面，由于冶铁技术的进一步发展和国家组织力量的加强，这一时期兴修了许多著名的水利工程，这使得灌溉农业经济效益有了显著的提高，如《史记·河渠书》载：凡受郑国渠水灌溉的农田，"收皆亩一钟"。一钟约合今一石二斗八升，这在当时的生产力水平下，确是较高的产量。工商业方面，出现了各种形式的私营手工业，其中特别是"豪民"经营的大手工业无论在规模上还是在技术上都已超过了官府手工业。而与手工业发展相伴随的是伦理思想对经济生活越来越起着重要的影响，经济在这一时期迅速发展起来。不仅出现了"陶天下之中，诸侯四通，货物所交易也"的大城市（《史记·货殖列传》），而且还产生了以金属货币为媒介的商业交换形式，这无疑大大促进了商业的发展。所以，尽管当时各诸侯国对商业课税甚重，"关市之征，五十取一"（《管子·大匡篇》），但还是阻挡不了战国商人对利益的追逐，《史记·货殖列传》载："天下熙熙，皆为利来，天下攘攘，皆为利往。"当时产生了一大批富可敌国的大商人，所谓"万乘之国必有万金之贾，千乘之国必有千金之贾"（《管子·轻重甲》），他们不仅在商业交换活动中呼风唤雨，而且还开始涉足政治领域，如大商人吕不韦就利用自己的经济势力，登上了秦国丞相的位置。政治变法和经济发展反映到思想领域便是出现"百家争鸣"局面。战国时期的"士"作为一个新兴的知识分子阶层颇受当时各诸侯国的礼遇，所谓"诸侯并争，厚招游学"（《史记·秦始皇本纪》），充分说明了"士"的生存与当时政治环境之间的内在关联。从很大程度上说，当时的"处士横议"都是围绕着如何结束"诸侯并争"并最终实现政治大一统这一新的历史课题而展开的,只是由于他们所处的环境不同,代表的利益有差异,以及思想的渊源不一,因而他们对问题的看法才有差异。而孟子作为一个以传承孔子思想为己任的思想家,其思想无疑是站在"仁政"的立场,高扬道德的社会政治作用,具有道德理想主义的色彩。

孟子(前371—前289年),名轲,鲁国邹(今山东省邹城市)人。相传他为鲁国贵族孟孙氏之后,幼年家贫,曾至齐稷下,任齐宣王客卿,中年以后曾游历诸国,其弟子彭更谓其:"后车数十乘,从者数百人,以传食于诸侯。"(《孟子·滕文公下》)但孟子的仕途亦如孔子,其政治主张虽受到各诸侯国的尊重,但并不为统治者所用。(《史记·孟子荀卿列传》)曰:"道既通,游事齐宣王,宣王不能用;适梁,梁惠王不果所言,则见以为迂远而阔于事情。……天下方务于合纵连横,以攻伐为贤,而孟轲乃述唐、虞、三代之德,是以所如者不合。"于是,孟子晚年便将主要精力用于授徒著述,"退而与万章之徒序《诗》《书》,述仲尼之意,作《孟子》七篇。"(《史记·孟子荀卿列传》)孟子的思想渊源无疑与孔子有关,据说,孟子曾受业于子思的门人。而子思作为孔子的嫡孙,虽只是孔子死后"儒分为八"之中的一派,但其影响却是其他派别难以企及的。不过,孟子学说虽源自"子思之儒",但又有自己的特点。孟子不仅继承和发挥了"子思之儒"的"内圣"之学,而且从"外王"的角度阐述了儒家"仁政""王道"的德治理想。这样,便将孔子思想发展为一个完整的思想体系。孟子的思想对后世影响极大,被尊称为仅次于孔子的"亚圣"。《孟子》一书是我们研究孟子经济伦理思想的主要资料。

孟子继承了孔子关于"义利之辨"的思想,并对其作了进一步的发挥。孟子生活在一个尚"利"的时代,这一点不仅表现于孟子在周游列国时所遇到的每一位诸侯国君的"求利"之问中,而且也表现于当时思想界"贵利义"思潮的大行其道。孟子说:"圣王不作,诸侯放恣,处士横议,杨朱、墨翟之言盈天下。天下之言不归杨,则归墨。"(《孟子·滕文公下》)而杨子"贵己"，主张"为我"，所谓"杨子取为我，拔一毛而利天下，不为也。"(《孟子·尽心上》)而墨家以"兼爱"为"义"，渴求"天下之大利"，提出了"义可以利人，故曰：义，天下之良宝也"的思想(《墨子·耕柱》)。与此同时，商鞅等法家思想"若水于下也，四旁无择也"(《商君书·君臣》)"民之欲富贵也，共阖棺而后止""民生则计利，死则虑名"(《商君书·算地》)，视"求利"为人之本性，提出了"利"乃"义之本"的命题。并以此为基础，在政治上推行"利出一孔"的功利主义政策。面对这一情况，孟子以"距杨墨，放淫辞"为己任，自觉地担负起了儒家"义利之辨"的思想使命，提出了"去利怀义"的义利之说。

关于"义"与"利"之间的关系，孔子的基本态度虽然是"罕言利"，或"重义轻利"，但"见利思义"或"因民之所利而利之"则是孔子处理二者之间关系的基本原则，这一点在前章中已详细论之。而孟子在继承孔子思想的基础上，似乎走得更远，他提出了一个"何必曰利"的命题。

《孟子·梁惠王上》载：孟子见梁惠王。王曰："叟！不远千里而来，亦将有以利吾国乎？"孟子对曰："王，何必曰利？！亦有仁义而已矣。王曰：'何以利吾国？'大夫曰：'何以利吾家？'士庶人曰：'何以利吾身？'上下交征利而国危矣。万乘之国，弑其君者，必千乘之家；千乘之国，弑其君者，必百乘之家。万取千焉，千取百焉，不为不多矣。苟为后义而先利、不夺不餍。未有仁而遗其亲者也，未有义而后其君者也。王亦曰：仁义而已矣，何必曰利？"

《孟子·告子下》也载："为人臣者怀利以事其君，为人子者怀利以事其父，为人弟者怀利以事其兄。是君臣、父子、兄弟终去仁义，怀利以相接，然而不亡者，未之有也。……为人臣者怀仁义以事其君，为人子者怀仁义以事其父，为人弟者怀仁义以事其兄，是君臣、父子、兄弟去利，怀仁义以相接也，然而不王者，未之有也。何必曰利？"

由上可知，在孟子看来，"怀利"与"怀义"是两种根本对立的价值取向，若以之为行为的指导，会导致两种根本迥异的后果，即"怀利"者必定会引起社会不同阶层之间的相互倾轧，并最终导致丧家灭国的结局；而"怀义"者则会促进人们之间的相互团结，从而达到保社稷而王天下的目的。正是基于这一认识，孟子认为，作为统治者"何必曰利？""曰仁义而已"。

孟子的"何必曰利？"主要有两层意蕴。第一，它表明孟子所欲去之"利"，主要是指个人的私利，而这种私利，又主要是指与封建宗法的等级制度相冲突的个人利益。那么，作为统治者特别是"王"的"利"是什么呢？"王"为什么不能言"利"呢？孟子认为，社会的安定乃是国家即统治阶级的"大利"所在，因此对统治者而言，"利"的考量不仅是自然而然的，而且也是国家政治生活的重心。但是，问题的关键在于怎样才能真正地实现国家"大利"呢？孟子认为，"大利"的实现存在于"何必曰利"抑或"曰仁义"之中。作为国家的最高统治者之所以不应该公开提倡为"利"，原因在于，国君的言论对于整个社会来说具有舆论导向的作用，如果"王"开口闭口地谈论"利"，就容易诱导百姓的求利意识。因为在百姓看来，既然国君可以说"何以利吾国？"，则我们为什么就不能考虑"何以利吾家？"抑或"何以利吾身？"这就意味着，利，无论是私利，还是公利，都是实际上存在的，两者之间的矛盾也是客观实在的事实。在孟子看来，尽管个人的私利具有一种伦理上的非正当性，而国家利益（实际上是国君利益）却具有伦理上的正当性，但是，如果国君总是将利挂在口头上，则有可能使国家利益私有化——而且在事实上往往如此，那样的国君就会变成人人得而诛之的"独夫民贼"。换言之，孟子在这里实际上已经意识到，在国家利益和"国君"利益之间也存在某种程度的紧张与不一致。特别是在以大夫为代表的"私家"的压力下，以国君为代表的"公室"利益越来越难以得到保障，这使得"公室"利益与国君个人利益之间的关联越来越趋于同一化，加之各大诸侯国争雄的压力，这些都是使统治者不能不时常将利益的考量挂牵于怀，在社会的一种普遍的急功近利的心态支配下，如何可能将仁义道德教化作为实现利益的手段抑或工具？尽管孟子将仁义的社会政治作用说得如何好、如何之大，但其思想终难为统治者所采用，这也是很自然的。第二，表明了"曰仁义"

具有价值导向的作用。在孟子看来，不仅整体利益的实现存在于"曰仁义"这一方式之中，而且任何具体的利益实现过程都离不开"曰仁义"的指导。孟子指出："今之事君者皆曰：'我能为君辟土地，充府库。'……'我能为君约与国，战必克。'"（《孟子·告子下》）这种能够富国强兵的臣子，世人往往称其为"良臣"，但在当时的年代被称为"民贼"。因为，他使"君不乡道，不志于仁，而求富之，是富桀也""君不乡道，不志于仁，而求为之强战，是辅桀也"（孟子·告子下》）。即帮助像夏桀这样的暴君富足，是助纣为虐。孟子又曰："求也为季氏宰，无能改于其德，而赋粟倍他日。孔子曰：'求非我徒也，小子鸣鼓而攻之可也。'由此观之，君不行仁政而富之，皆弃于孔子者也。"（《孟子·离娄上》）这就是说，在孟子看来，对利益的追求必须与对道德的追求相结合，并以后者作为价值导向。为政者若不是因为仁爱获得的富有，其财富越多，国家越富强，对人类社会的危害性也就越大。当然，最终的结果是"由今之道，无变今之俗，虽与之天下，不能一朝居也"（《孟子·离娄上》）。即不可能实现真正的长治久安。由此可见，孟子对于社会物质文明的思考总是以道德文明为指导的，其主要宗旨是：没有道德文明便没有真正的物质文明，或者说物质文明的建设不能离开道德文明的指导。孟子的这种思想既反映了儒家道义论的立场，同时也是对春秋战国以来"利出一孔"之现实的严厉批判。因此，它既具有深刻的理论意义，同时也具有深远的历史意义。孟子还把"去利怀义"当作人的内在本性的要求，它以"性善论"作为哲学基础，从而使这一具有政治学意义的道德命令获取了伦理行为准则的意义。在孟子看来，人之所以为人，就在于"人之有道也，饱食暖衣，逸居而无教，则近于禽兽"。"人道"的内涵就是所谓的"人伦""人道"，而"人道"就是人区别于动物的关系所在，人之有道，饱食、暖衣，即"父子有亲，君臣有义，夫妇有别，长幼有序，朋友有信"（《孟子·滕文公上》）。孟子认为，"人伦"作为一种处理人际关系的准则，一方面是"圣人"自觉创制的结果，即"圣人有忧之，使契为司徒，教以人伦"（《孟子，滕文公上》）；另一方面，也是人的内在本性，即"善性"的要求所致。孟子说:"恻隐之心,仁之端也;羞恶之心,义之端也;辞让之心,礼之端也;是非之心,智之端也。"(《孟子·公孙丑上》)而这"四端",不仅是人与动物区别的本质属性,而且是人先天即有的存在。"四端"即"无恻隐之心,非人也;无羞恶之心,非人也;无辞让之心,非人也;无是非之心,非人也"(《孟子·公孙丑上》)。孟子明确地说:"仁义礼智,非由外铄我也,我固有之也。"(《孟子·告子上》)我们每一个人都具有"不虑而知"和"不学而能"的"良知"与"良能",孟子合称之为"良心"(《孟子·尽心上》)。仁义既非外铄于主体,是人的内在的本性要求所致,则人的行为自然会是"由仁义而行",而非"行仁义"。这一点凡人皆是如此。既然人的行为皆"由仁而行",则"去利怀义"这一道德要求就不是外在的社会向主体强加的一种规范性要求,而是主体人性的内在要求,而"见利去义"则是对人性的一种背叛。

然而,孟子也意识到,尽管内在的人性要求人们"去利怀义"。在现实生活中,身边发生的情形却与之截然相反。孟子认为,这种情形的出现并不是由人性本身所致,"若夫为不善,非才之罪也"(《孟子·告子上》),而是由于环境的浸染和主观的努力不够,从而导致"良心"受到遗弃所致。他说:"富岁,子弟多赖;凶岁,子弟多暴,非天之降才尔殊也,其所以陷溺其心者然也。"(《孟子·告子上》)这如同山上茂盛的林木,由于人们的砍伐或牛羊的啃食而变成秃山,人"以为未尝有材焉,此岂山之性也哉?"同样,人之为恶,"岂无仁义之心哉?其所以放其良心者,亦犹斧斤之于木也,旦旦而伐之,可以为美乎?"(《孟子·告子上》)正因为人性易失,所以,人们必须发挥自己的主观能动性,加强道德修养,这样才能将人性的光辉"扩而充之"。孟子还特别从理性和感性的角度作了深入的阐述。他认为,人作为存在具有感性和理性的双重功能,而感性的物质基础主要是"耳目之官",理性的物质基础则是"心之官"。相比而言,"耳目之官不思",而"心之官则思","不思"则会"弊于物","物交物,则引之而已矣",而"思"则"得之"。孟子所谓"得之"之"之",乃是指"良心"而言,故"思"

的过程也就是"求其放心"的过程。孟子曰:"思则得之,不思则不得也。此天之所与我者。"(《孟子·告子上》)既然是"思"之与否乃"天之所与",则意味着"耳目之官"易为外界物欲所蒙蔽也是自然之事,因而主体就存在"思"和"不思"的主观选择,孟子曰:"从其大体为大人,从其小体为小人。"(《孟子·告子上》)"大体"即"心",而"小体"即"耳目","思"与"不思"之辨构成"大人"与"小人"这一人格区分的心理基础。

由上可知,孟子把"大人"与"小人"之别定位于"思"之与否。"不思"则意味着从其"小体",而从其"小体"就是"弊于物",也就是为外在的物质利益所诱惑,简言之,是人为物役。而"思"则"得之","得之"者,"内得于心"也,即获得一种内在的德性自足。故"从其大体"即"怀义",而"从其小体"即"怀利",而二者又构成区分君子与小人的价值标准。关于这一点,孟子曾明确地说:"鸡鸣而起,孳孳为善者,舜之徒也。鸡鸣而起,孳孳为利者,跖之徒也。欲知舜与跖之分,无他,利与善之间也。"(《孟子·尽心上》)"舜"与"跖"作为两种不同人格的历史化符号,其区别就在于二者之间的价值取向是具有差异性的,即"舜"者为"善",而"跖"者为"利",或反过来说是为"利"者"跖"(小人),而为"善"者"舜"(圣人与君子)。从人性的角度来说,"为义"是人之本性的要求所致;又如,既然"为义"与"君子"或"大人"之间、"为利"与"小人"之间构成一种同构关系,而"大人"与"小人"作为一种人格符号同时又反映不同的社会等级地位,这就意味着无论是从外在功利的角度抑或从内在道德的角度,对"义"的追求应该成为人们的主要价值目标所在。有鉴于此,孟子认为,"义"是人身上最为宝贵的东西,它可称之为"良贵"或"天爵"。谓其为"天爵",即意味着"义"是与生俱来的具有内在的品质,因此使得人们对"义"的追求具有可能性;谓其为"良贵",则意味着"义"的价值是无与伦比的,是值得人们去追求的。孟子强调人们要修其"天爵"与保持"良贵",认为这对于人生的意义要远甚于对"人爵"("公卿大夫")和财富的追求,甚至于它比生命还重要。简言之,"义"是指导我们现实生活的最高伦理准则。孟子说:"鱼,我所欲也;熊掌,亦我所欲也。二者不可得兼,舍鱼而取熊掌者也。生,亦我所欲也;义,亦我所欲也。二者不可得兼,舍生而取义者也。"(《孟子·告子上》)"鱼"与"生",作为人之所欲的对象,是人的自然属性的反映,也就是人们的"为利"需求,孟子承认它们也是"我"即主体("小体")"所欲"的对象,对它的满足也具有一定伦理的正当性。但是,相对于"熊掌"与"义"而言,后者具有更高的价值与意义。一般言之,人总是希望能二者"兼"得,希望物质需要与精神需要得到同时满足,然而,现实生活的境遇往往需要人们于二者之间作出"或先或后""或重或轻"的选择,有时甚至要作出"非此即彼"的抉择。而在这一问题上,孟子亦如孔子的"杀身成仁",主张"舍生而取义"。这一点反映了儒家在道义论立场及对理想人格追求上的共通性。相比之下,孟子似乎更注重理想人格构建的意义。他认为,个人只有树立这样的理想人格,只有意识到"义"作为人的内在需求的独立价值与意义,才可能在利益面前"不为得",在困难面前不避患难,真正做到"富贵不能淫,贫贱不能移,威武不能屈""志士不忘在沟壑,勇士不忘丧其元"(《孟子·滕文公下》)。简言之,就是无论何时何地、何种处境,都应该"怀义",从其"大体"。此外,需要指出的是,孟子虽然认为"何必曰利?亦有仁义而已矣",但并不反对在任何情况下都不讲利,或在任何情况下都要舍利而取义,孟子的"义利之辨"除了坚持道义论的立场外,还具有境遇伦理学的维度。

《孟子·告子章句下》载:任人有问屋庐子曰:"礼与食孰重?"曰:"礼重。""色与礼孰重?"曰:"礼重。"曰:"以礼食,则饥而死;不以礼食,则得食,必以礼乎?亲迎,则不得妻;不亲迎,则得妻,必亲迎乎?"屋庐子不能对,明日之邹以告孟子。孟子曰:"于答是也何有?不揣其本而齐其末,方寸之木可使高于岑楼。金重于羽者,岂谓一钩金与一舆羽之谓哉?取食之重者,与礼之轻者而比之,奚翅食重?取色之重者,与礼之轻者而比之,奚翅色重?往应之曰:'紾兄之臂而夺之食,则得食;不紾,则不得食,则将紾之乎?逾东家墙而搂其处子,则得妻;不搂,则不得妻,则将搂之乎?'"

于此，孟子所面临的难题实际上是一种道德的两难处境，这一处境表现为社会规范（礼）与人性原理（既包括食、色等自然之性，也包括仁、义等义理之性）或者家庭伦理（孝）与社会伦理（恕）之间的冲突。孟子认为，食、色乃人之性也，从其"小体"即满足人的自然之欲，这在伦理上是讲得过去的。因为，食、色之性的满足不仅是对人的生命自然价值的尊重，更重要的是，在孟子看来，通过食、色之性的满足可以实现人类种族繁衍这一重大目的，这也是儒家"不孝有三，无后为大"的伦理原则的要求所在。所以，相对于这一更根本的伦理原则而言，"亲迎"之礼在不得已的情况下是可以变通的。当然，孟子也强调，虽然为了实现更具根本性的伦理原则的要求主体可以不必拘泥于"礼之轻"，但并不意味着可以为满足这一欲求而不择手段，如"紾兄之臂而夺食之""逾东家墙而搂其处子"等，如果这样，则食、色之欲得不到满足是"轻"，而不杀、不淫为"重"。由此可见，孟子对于道德规范与利益需要之间的冲突所采取的立场并不是完全地舍利以取义，而是将利益需求放在不同的伦理境遇之中作一种比较性考量，并根据仁义的根本性原则来作出"或此或彼"的选择，这充分体现了孟子伦理思想所具有的原则性与灵活性相统一的特点。

第六章　推动经济高质量发展的基础条件

第一节　转向经济高质量发展的背景

改革开放后，西方发达国家跨国公司将其制造端迁移至我国，较低成本的要素价格（如土地、劳动力等）、粗放式发展模式助推了我国经济的高速增长。然而，我国各类要素价格不断上涨，挤压了利润空间，导致中高端制造业出现回流的趋势，而中低端制造业则继续向要素价格更低的发展中国家转移。与此同时，我国环境资源约束日趋紧张，环境承载能力不断接近上限，传统意义上的粗放式、低效率的增长模式已经不可持续。因此，主客观情况要求我国转变经济发展思路，转向经济高质量发展阶段。其次，从社会主要矛盾角度来讲，我国当前社会主要矛盾已经转化为人民日益增长的美好生活需要和不平衡不充分的发展之间的矛盾，表现为供给已经不能满足需求的矛盾。居民收入的持续增长在扩大中等收入群体的同时，也使得消费成为拉动经济增长、助推经济发展的重要引擎。伴随这种形势，消费结构也出现了升级换代的趋势，对服务和商品的质量要求提高。然而，供给侧结构仍然是以数量扩张为主，忽视了质量的提高。长此以往，在经济中就会表现为产能过剩与消费不足。因此，破解我国经济社会发展的难题路径就在于推动经济高质量发展。再次，从国际经验来看，任何国家若想从中等收入阶段成功迈向高收入阶段，关键在于实现经济从量变到质变的飞跃，即实现高质量发展。据世界银行研究，从1960年到2008年，全球仅有13个中等收入经济体成功跻身高收入国家行列，其余则仍处于中等收入阶段，其根本原因是这些国家未能实现高质量发展。当前，在全球产业链与价值链中，我国产业总体上仍然处于中低端位置，经济增长中的科技贡献率仍然不高，创新活力、成果转化率不足，关键技术依赖进口等一系列表现都迫切要求我国在激烈的国际竞争中加快转变经济增长方式，推动经济高质量发展。最后，经济高质量发展是有效应对国际产业与技术竞争的需要。当今世界，国际新技术发展迅速，行业竞争日益激烈，我国面临日益复杂多变的国际经济形势。特别是美国对华遏制措施不断，中美贸易摩擦不断升级，其实质是围堵、遏制中国在高科技领域快速发展的势头。因此，只有通过不断加大自主创新投入与进一步深化改革，才能推动经济高质量发展，应对未来国际高科技领域的激烈竞争。总之，推动经济高质量发展已经成为当前及今后相当长一段时期主要工作思路，这既反映了经济新常态下我国经济发展的鲜明特征，也是适应社会主要矛盾变化和面对国际激烈竞争，保障国家安全的必然要求。

第二节　新一轮科技产业革命为经济高质量发展提供机遇

全要素生产率是指全部要素投入与产出的比率，技术进步、规模化率等是其重要决定因素。全要素生产率是衡量发展水平高低的重要指标。一个经济体发展质量越高，经济增长越不取决于要素规模的存量及增量，而是越依靠单一要素使用效率及各要素组合效率的提高，即全要素生产率对经济增长的贡献度较高。

进入21世纪以来，全球全要素生产率增长持续低迷，其中，发达国家整体呈负增长态势，而发展中国家则两极分化，部分国家全要素生产率较高，但另一些国家则出现深度负增长。在此阶段，多数国家的经济增长主要依靠要素投入，通过增加劳动力和投资供给来实现，如2012—2016年美国、印度要素数量型增长对GDP的贡献率分别为61%和71%；质量型经济增长对经济贡献率不高，占比不超过三成。

与此形成鲜明对照的是，中国是少有的例外。如中国在2012—2016年保持年均7.5%的增长，全要素生产率的贡献度高达3.4%，贡献率超过45%，在大国中是全要素生产率增速最高的国家。可以说，虽然发达国家的全要素生产率依然保持在高位，但进一步发展的动能减弱，全要素生产率的进一步提升受到约束；而中国的全要素生产率绝对值虽然较低，但增速较快，正处于向高质量发展的关键阶段。

在新一轮科技产业革命蓬勃发展的背景下，全球都面临着高质量发展的新机遇与新挑战。作为全球新技术新产业的主要策源地，发达国家可能率先占得先机，取得突破。中国亦面临重大机遇，一方面，可以采取跟随战略继续缩小与发达经济体的差距，持续提升传统产业全要素生产率；另一方面，利用好全球产业业态、经济结构、要素供求的新变化，率先发展出一套新的经济发展模式，抢占高质量发展的至高点。

第七章　新发展理念助推经济高质量发展

发展理念作为发展行动的先导，集中体现了发展思路、方向以及着力点。面对经济社会发展面临的新机遇与新挑战，新发展理念深刻回答了中国"实现什么样的发展、怎样实现发展"的重大问题，已成为经济社会发展必须长期坚持的指导方针。

第一节　顺应时代潮流、反映发展规律的科学指引

新发展理念科学地总结了经济社会发展规律，顺应了时代潮流及人类社会发展大势，契合了我国经济社会发展的新形势、新问题，是实践的科学指引。

一、人类发展大势的深刻洞察

创新、协调、绿色、开放、共享的新发展理念是在深刻总结国内外发展经验教训的基础上逐渐形成的。人类历史发展进程告诉我们，发展必须走创新之路。历史上，地理大发现特别是工业革命以来，世界发展风云变幻，无不以变革理念、科技前进为先导。生产力的巨大发展打破了长期束缚人们的思想桎梏。许多西方国家抓住了科技及产业革命的机遇，实现快速崛起，这深刻地改变了国际力量的对比。与此相对，一些国家或地区甚至长期处于领

先地位的国家或地区却由于种种因素，发展由盛转衰，逐渐落后于时代的发展，甚至从此一蹶不振。

人类社会发展历程告诉我们，发展应是协调发展。第二次世界大战结束后，经济发展重新成为主题，人们纷纷主张发展需要增长，增长更需要发展。在此观念的引导下，诸多发展中国家将经济增长当作首要任务，将快速工业化看作首要目标，将追求 GDP 增长作为唯一标准。虽然经济增长助推了一些国家经济起步，但也带来了如结构失衡、收入分配不公、资源过度消耗等问题。严峻的现实迫使人们开始反思片面追求经济增长的做法，重新意识到了"经济增长与经济发展"的关系。

人类社会发展历程告诉我们，发展应是可持续发展。生态系统是人类永续发展的前提条件。人类与自然休戚相关、荣衰与共，所以我们应该敬畏自然、善待自然、保护自然，对人与自然间的物质交换进行合理调节。然而，这并未改变资本对自然的剥夺，导致人与自然的冲突频发，人类为此付出惨痛代价，五大发展理念及生产生活方式的重要性凸显。

人类社会发展历程告诉我们，发展应是开放式的发展。全球化的历史告诉世人，人类的历史就是在开放与封闭中不断选择的历史。1929—1933 年经济大萧条席卷全球，当时各国纷纷采取以邻为壑的经济政策，竞相采取贬值货币、提高关税等排他性手段，这使人类走向第二次世界大战的深渊。第二次世界大战后的《关税与贸易总协定》确立了国际贸易基本规则，即大力推进自由贸易，经济全球化也迎来了一轮前所未有的发展高峰，世界经济呈现出普遍良好的发展态势。21 世纪以来，人类再次迎接全球化所带来的机遇与挑战。受国际金融危机的严重影响，贸易保护主义、民粹主义等极端思想在一些国家抬头，一方面全球化进程遭遇曲折，但另一方面经济全球化仍然是大势所趋，合作共赢仍然是世界发展主流。

人类社会发展历程告诉我们，西方传统的发展观，本质上就是"以物为本"的发展观。这种发展观认为，发展主要体现为经济过程，是以资本增殖和资本扩张为经济增长的唯一目的。在以市场为唯一法则主宰的社会中，财富的增加是以社会两极分化为代价，人已经成为资本增殖的手段。这直接导致社会的畸形发展甚至社会政治经济动荡。历史和现实已经反复验证，西方传统的发展之路不仅违背社会发展规律，而且缺乏相应的公平正义，是不可持续之路。

二、现实发展的内在要求

新发展理念是经济发展进入新常态化的治本之策。2012年我国经济进入新常态，遭遇一系列新情况、新问题。从国内来看，我国经济发展处于速度换挡、结构调整、发展动力转换的关键节点，此时经济下行压力加大，低要素成本所形成的经济驱动力减弱态势明显，经济发展需要更为强劲的驱动力量。在新常态下，经济增长速度从高速转为中高速；从规模速度型转向质量效率型；从增量扩能转向调整存量、做优增量；从粗放型增长转向集约创新型增长。这是我国经济形态向着更优化结构、更高级阶段转变的必经之路。从国际来看，世界经济自2008年国际金融危机爆发以来进入深度调整期，全球贸易量持续低迷，我国出口优势及在国际分工的定位面临一系列新挑战，导致出口需求增速明显放缓。过度依赖低端出口拉动经济增长的模式已不可持续。因此，经济增长必须依靠扩大内需以及创新驱动层面，即我国经济要从高速增长阶段转向高质量发展阶段。总之，发展是一个不断变化的过程，环境、条件、理念也是一个不断变化的过程。我国要根据事关发展各要素的不断变化创新发展理念，这是积极应对发展难点、开创发展新局面的内在本质要求。

三、发展实践所证明的先进理念

中国面对世界经济发展转型调整、科技发展日新月异、国内经济进入新常态，加快形成崇尚创新、注重协调、倡导绿色、厚植开放、推进共享的机制和环境,经济社会发展取得了历史性成就。

一是坚持创新发展,加快转换增长动能。大力发展创新驱动战略,大步推进科技体制改革,一大批重大科研成果相继问世,形成一系列新产品、新产业及新业态,新动能的经济支撑作用显著增强。

二是坚持协调发展,发展的整体性明显增强。京津冀协同发展等重大战略的实施使得区域间差距不断缩小。

三是坚持绿色发展,可持续性不断增强。我国资源消耗强度大幅度下降,大气、土壤、水污染防治行动取得显著成效,环境得到明显改善。

四是坚持开放发展,对外开放形成新格局。"一带一路"、亚洲基础设施投资银行的推进折射出合作共赢的发展理念,拓宽了国际合作空间。

五是坚持共享发展,不断增强人民的获得感、幸福感及安全感。居民收入增长总体上快于经济增速,脱贫攻坚取得了决定性胜利,社会保障水平、基本公共服务均等化程度不断提高,形成世界上人口最多的中等收入群体。在新发展理念指引下,我国成功应对国际金融危机所带来的持续影响,社会经济保持稳定发展,经济实力与综合国力再上新水平,我国经济对世界经济的贡献率超过年均30%,已经成为世界经济增长的稳定器与主要动力。

总之,我国经济社会发展所取得的巨大成就,从根本上说是完整、准确、全面贯彻新发展理念,转变发展方式,提升发展质量与效益的结果。实践已充分说明,新发展理念是科学的指导思想,是经济社会长期发展所必须坚持的基本遵循。

第二节 丰富和发展了发展观

一、新发展理念的科学内涵与实践要求

创新是发展的第一动力,决定了发展的速度、效能以及可持续程度。要

将创新与未来紧密结合起来。要将制度创新、理论创新、文化创新、科技创新贯穿于国家一切工作之中，将创新放在国家发展全局位置，将创新理念贯穿经济社会发展始终。因此，要不断解放思想，以不断的理论创新指导变化中的经济社会发展，不断构建助推发展的体制机制，完善相关制度体系，为保障发展营造合适的制度环境，要充分激发科学技术所蕴含的巨大潜能，加快形成以创新为引领和支撑的经济发展模式。

协调是经济持续健康发展的内在要求。发展是一个系统整体，需要各环节、各要素协同联动。协调发展理念是通过总结过去经济发展的经验教训，在把握发展规律的基础上，针对我国发展不平衡、不协调等问题而提出的。协调既是发展手段，又是发展目标，还是发展标尺，在注重发展速度的同时，更加侧重于发展整体性与协调性；更加注重统筹兼顾和综合平衡；更加注重处理好整体与局部、当前与长远、重点与非重点的关系；更加注重高质量的发展。坚持协调发展就是要在实践中更好把握"五位一体"总体布局和"四个全面"战略布局，正确处理好发展中的重大关系，不断补短板、增后劲。重点在于统筹城乡协调发展，优化区域利益格局，促进新型工业化、信息化、城镇化与农业现代化同步发展，大力推进物质文明与精神文明协调发展，形成国家"硬实力"与"软实力"全面发展的局面。

协调发展的最终目标是绿色发展，这是人类永续发展的重要条件。人类社会产生与发展的基础和前提就是自然界，人类能够以社会为载体有目的地利用及改造自然，但人类归根结底只是自然的一分子，必须树立尊重自然、顺应自然、保护自然理念，不能凌驾于自然之上，违背自然规律将遭到自然的报复。改革开放 40 多年来，我国经济社会在快速发展的同时，环境保护问题压力叠加、负重前行；与此同时，人民群众对美好生存环境的要求也越来越高。因此，要将生态环境保护置于更加突出的地位，树立保护生态环境就是保护生产力、改善生态环境就是发展生产力的理念；坚持环境保护与节约资源的基本国策不动摇，坚持走生产发展、生活富裕、生态良好的文明发展道路，加快建设资源节约型、环境友好型社会，形成人与自然和谐发展的新格局，建设美丽中国，为全球生态环保、生态安全做出中国贡献。

开放是一国走向繁荣发展的必由之路。开放带来进步，封闭必然落后。历史与未来都昭示，国际经贸活力的重要推动力就在于开放合作，这是人类社会进步发展的时代要求。在经济全球化条件下，若想在时代中发展壮大并不断提升国际竞争力，就需要坚定地扩大对外开放；就要顺应时代趋势，统筹利用国内国际两个市场、两种资源着力解决发展所需的内外联动问题，立足国内需求，逐步形成以国内大循环为主、国内国际双循环相互促进的新发展格局；就要不断提高对外开放质量，主动参与经济全球化进程，坚定不移地完善相关体制机制，为经济发展注入源源不断的动力与活力；就要奉行互利共赢的开放战略，发展高层次开放型经济，创建广泛利益共同体；就要主动参与全球公共品供给与全球经济治理，提升我国在全球经济治理体系中的话语权。

共享发展最注重解决社会公平正义问题，实质就是"人民中心"。从覆盖面来看，共享发展是人人享有，而非部分人共享。从内容上看，共享发展就是要共享经济社会发展过程中的各方面成果，保障人民群众的全面合法权益。从实现途径上看，要求共建共享，要最大限度汇聚民智、激发民力，形成充分发挥民主、人人参与、人人都有成就感的局面。从推进进程上看，要求渐进共享。共享发展是一个曲折向前的发展过程，所以，必须立足实践，通过立足当前发展水平来思考设计共享制度。这四方面是相辅相成、相互贯通的有机整体，要从整体上把握共享发展。一方面，充分调动人民群众的主动性与创造性；另一方面，在共建共享中使全体人民拥有更多获得感，朝着共同富裕稳步前进。

二、丰富和发展了中国特色社会主义政治经济学

新发展理念谱写了中国特色社会主义政治经济学新篇章。生产力决定生产关系，生产关系需要适应生产力发展要求。新发展理念强调要通过发展解

决我国一切问题，要推动经济发展质量变革、效率变革、动力变革；要让市场在资源配置中起决定性作用以及更好地发挥政府的作用；要不断深化改革开放，破解阻碍生产力发展的体制机制障碍；创新是推动发展的第一动力，而人才则是支撑发展的第一资源；要推动理论创新、制度创新、科技创新以及文化创新；要协调社会再生产过程中的各个层面，提高其可持续性；要更加重视人与自然和谐相处，让优美的生态环境成为人民生活的增长点、成为我国良好形象对外展示的发力点，不断向生态文明纵深方向前进；要强调开放是基本国策，实行更加主动的开放战略，形成全面开放新格局，积极参与全球经济治理，助推国际经济秩序向着更加公平正义的方向发展；更加强调人民中心的思想，人民是发展的根本力量，只有坚持人民主体地位才能更好地调动各方面的积极性、主动性、创造性。对于这些规律认知的不断深化，说明我们顺应了人类社会发展的大趋势，实现了中国特色社会主义政治经济学的新飞跃。

新发展理念提高了中国特色社会主义政治经济学的领导力量。新发展理念对中国特色社会主义理论与实践进行了总结，赋予了其新的时代意蕴，成为更好解读中国道路的有力的思想武器。用新发展理念对全球经济发展过程中得失进行分析与总结，日益被国际社会所接受，诸多发展中国家纷纷摒弃西方的发展模式，转而研究和借鉴中国的发展理念与经验，彰显了中国的全球影响力，进一步提升了中国特色社会主义政治经济学的国际话语权。

第三节　坚持用新发展理念引领发展全局

贯彻新发展理念关系到我国发展变革的全局，必须加快推动思想转变，推动体制机制变革，把新发展理念切实转化为统筹全局的行动纲领以及谋划发展的具体思路举措，推动科学发展取得实际成效。

一、全面推进发展理念的变革

作为行动先导的理念，必须在发展实践中起重要引领作用。发展理念对错与否将直接关系到发展成效乃至成败。实践证明，发展是一个不断变化的过程。回顾改革开放以来的历程可以看出，从真理标准问题大讨论到以经济建设为中心，从计划经济体制到建立和完善社会主义市场经济体制，每一次大发展都是理念变革的结果。

全面变革发展理念，必须毫不动摇地解放思想。践行新发展理念就是对传统发展思路与方式的根本变革，必然伴随解放思想、更新观念。面对新的实践特点，我们要做到"破""立"结合，如中国经济现在已经由高速增长转为中高速度增长，转为高质量发展阶段，其评价标准也由过去"以GDP论英雄"转为质量效益标准。

全面变革发展理念，必须以客观事实为准绳，按规律办事。改革开放以来，中国的发展取得了巨大的成功，但也有经验教训。成功的本质在于实事求是，按客观规律办事；经验教训则反映在违背客观规律上，必然给经济社会发展带来诸多矛盾。从本质上讲，新发展理念就是要将发展置于客观规律基础上，实现更高水平、更有质量的发展。贯彻新发展理念，必须按照经济发展规律办事，加快推进转变经济发展方式，坚持发展速度、质量、效益的有机统一，推动科学高质量发展；要尊重自然、顺应自然、保护自然，助推绿色发展方式和生活方式，实现可持续发展；要加强社会建设、创新社会治理，使改革成果更多更公平地惠及全体人民。

全面变革发展理念，必须从整体上把握新发展理念所蕴含的各个层面，实现主旨一致、目标相通，既有侧重又有支撑，构建一个系统的内在逻辑体系。其中，创新是发展的灵魂与核心，绿色是发展的内在要求，开放是发展的时代特征，共享是发展的出发点与归宿。各个层面相互促进、相互联系，贯穿于整个发展过程始终。因此，必须将新发展理念看作一个整体来系统思考，做到相互促进、相得益彰。这要求我们在助推发展中具有系统思维，坚持系统发展，妥善处理各种重大关系，在权衡利弊中作出有利的战略抉择。

二、加快构建基于新发展理念的体制机制

贯彻落实新发展理念，涉及思维方式的转变，涉及各种利益关系的调整，必须创新发展体制，在解决发展动力，增强发展整体性、协调性等方面破解难题，推动各项改革措施落地生根，确保新理念转化为新实践，形成有利于创新、协调、绿色、开放、共享的体制机制。

坚持创新引领发展，加快构建创新发展的体制机制。在国际竞争日趋激烈、国内发展动力转换的情况下，我们必须把发展立足于创新之上，构建有利于创新的体制机制。所以，一是要不断深化科技体制改革，发挥科技创新的引领作用。改革科技创新投入机制，建立科学研究与技术创新的分类投入机制，突出企业在创新中的主体地位。政府应大力支持前沿性、关键性以及重大的技术；要完善科技创新组织机制，发挥市场对研发等各类创新资源配置的导向作用。同时发挥我国社会主义制度优势，着重突破关系全局的重大技术，攻克"卡脖子"问题；完善科技激励及分配机制，下放科技成果使用、处置及收益权，让科技人员在创新中体现劳动价值。二是深化人才体制改革，创新吸引、培养、使用人才的机制，构建一支规模宏大、富有创新精神、敢于承担风险的创新型人才队伍。三是坚持引进来与走出去相结合，更加积极主动地融入全球创新网络，以更广阔的胸怀吸收全球创新资源，更加积极地推动技术和标准输出，在更高层次上创建开放型创新机制，形成深度融合的开放创新机制，推动形成深度融合的开放创新局面。

坚持提升整体发展的综合效能，加快构建协调发展的体制机制。围绕发展不平衡不充分问题，不断完善相关机制。一是要协调物质文明与精神文明共同发展。在建设物质文明的同时，积极推进精神文明建设，加强统筹协调，完善领导体制机制，确保"两个文明"成果由全体人民共享；二是构建区域协调发展新机制。着力推进西部大开发形成新格局，深入推进东北全

面振兴,发挥优势推动中部地区崛起,创新引领率先实现东部地区优化发展;重点推进京津冀协同发展、长江经济带发展等,加快构建要素有序自由流动、主体功能约束有效、基本公共服务均等、资源环境可承载的区域协调发展新机制;三是要建立健全城乡融合发展体制机制。坚持农业农村优先发展,巩固和完善农村基本经营制度,深化农村土地制度改革,完善承包地"三权分置"改革,深化农村集体产权制度改革。深入实施乡村振兴战略,按照产业兴旺、生态宜居、乡风文明、治理有效、生活富裕的总要求,加快推进农业农村现代化,推进以人为核心的新型城镇化,深化户籍制度改革,加快农业转移人口市民化,努力实现基本公共服务城乡均等。

坚持资源节约和生态保护,加快构建绿色发展体制机制。要坚持节约资源与保护环境的基本国策不动摇,不断推进体制机制创新和完善。一要从源头抓起,重塑内生动力机制,形成绿色发展方式与生活方式。加快建立绿色生产和消费的法律制度和政策导向,建立健全绿色低碳循环发展的经济体系,构建市场导向的绿色技术创新体系,加快生态功能区建设,建立市场化、多元化生态补偿机制。二要全面加强生态文明体系建设。加快建立健全以生态价值观念为准则的生态文化体系,以产业生态化和生态产业化为主体的生态经济体系,以改善生态环境质量为核心的目标责任体系,以治理体系和治理能力现代化为保障的生态文明制度体系,以生态系统良性循环和环境风险有效防控为重点的生态安全体系。三要着力解决突出环境问题,构建政府为主导、企业为主体、社会组织和公众共同参与的环境治理体系。通过提高污染排放标准,强化排污者责任,健全环保信用评价、信息强制性披露、严惩重罚等制度,实现突出环境问题的根本性解决。

坚持对外开放的基本国策,加快构建开放发展体制机制。我们要主动参与经济全球化进程,发展更高层次的开放型经济,推动形成全面开放新格局。一要推动共建"一带一路"。遵循共商共建共享原则,以政策沟通、设施联通、贸易畅通、资金融通、民心相通为主要内容,着力把"一带一路"建成和平之路、繁荣之路、开放之路、创新之路、文明之路。二要推进贸易强国建设。加快转变外贸发展方式，创新跨境电子商务、市场采购贸易发展、外贸综合服务企业等外贸发展模式创新对外投资方式，实行积极的进口政策，营造国际一流营商环境，大幅度放宽市场准入，扩大服务业对外开放。三要加快培育国际经济合作和竞争新优势。促进国际产能合作，形成面向全球的贸易、融资、生产、服务网络，支持企业扩大对外投资，推动装备、技术标准服务走出去，打造一批具有全球竞争力的世界一流跨国企业。四要努力推动全球经济治理。加强国际经济政策协调，积极参与深海、极地、外空、互联网等新领域国际规则制定，推动多边贸易谈判进程，加快实施自由贸易区和自由贸易岛战略，促进国际货币体系和国际金融监管改革。

坚持促进和维护社会公平正义，加快构建共享发展体制机制。一要从体制上保障教育发展更加公平、更有质量。深化教育改革，提高教育质量，促进教育公平，推动义务教育均衡发展，让全体人民都能获得共享教育改革的红利。二要从体制上保障更高质量就业。坚持就业优先战略，将就业优先政策置于宏观政策层面，彻底打破就业、创业市场上的壁垒与身份歧视，完善创业扶持政策，搭好创业平台，打造大众创业万众创新的新引擎，创造更多参与共享发展的机会。三要继续深化医药卫生体制改革，实施健康中国战略。建立覆盖城乡的基本医疗卫生制度和现代医院管理制度，加快公立医院改革步伐，优化医疗卫生机构布局，促进医疗资源向基层与农村流动，鼓励社会力量发展健康服务。四要加强社会保障体系建设。建立更加公平、更可持续的社会保障制度，推进全民参保，基本实现法定人员全覆盖，实现职工基础养老金全国统筹，建立基本养老金合理调整机制，全面实施城乡居民大病保险制度，统筹社会救助体系，推进相关制度的整合，确保困难群众基本生活。五要建立和完善缩小收入差距的体制机制。站在社会主要矛盾发生变化的高度审视公平与效率的关系，加强和创新社会治理，在做大"蛋糕"的同时分好"蛋糕"，确保发展成果惠及全体人民群众，让人民群众有更多获得感，逐步实现共同富裕，促进社会公平正义。

实践证明，当代中国的发展离不开新发展理念的指导。要努力提升统筹贯彻新发展理念的能力，摒弃违背新发展理念的思想，纠正违背新发展理念的行为，在不断增强创新能力、推动平衡发展、优化生态环境、提升开放水平、扩大共享发展层面取得新的突破。

第八章 经济高质量发展的基本内涵和面临的主要问题

第一节 基本内涵与基本特征

研究高质量发展需要首先仔细甄别高质量发展与高速增长之间的区别。第一，高速增长更加强调积累的规模与速度，要素投入是这种发展方式的主要支撑；高质量发展则强调提升质量与效益，发展方式是靠全要素生产率的提高。第二，高速增长主要着眼于 GDP 和人均 GDP 的高低；高质量发展则聚焦于经济社会的全面发展进步。高质量发展的关键在于提高资源使用效率，用较少的资源投入产出更高的质量与效益以及更优质的供给体系。我国经济转向高质量发展阶段是历史发展与现实选择共同作用的结果，是未来相当长一段时间经济社会发展的主要任务和方向。

中国经济当前已由高速增长阶段转向高质量发展阶段，正处在转变发展方式、优化经济结构、转换增长动力的攻关期。高质量发展就是要满足人民日益增长的美好生活需要，就是要体现新发展理念的发展。高质量发展是有效化解社会主要矛盾的一剂良药，具体而言：

第一，阶段转换性。这主要表现在经济由高速增长转变为高质量发展，谋求速度与质量的统一。改革开放以来我国经济保持了数十年的持续增长，这主要依靠各类要素的大量投入来实现。近年来，支撑粗放式经济增长的条件已经逐渐发生了变化。中国经济发展进入高质量发展阶段，这也应包含增长速度这一单项指标。这是因为，一定的速度是保证质量实现的支撑，而高质量发展反过来助推了经济的高速增长，二者是互为条件的辩证统一关系，在实际中突出表现为阶段转换性。

第二，动态平衡性。改革开放40多年来，社会主义市场经济改革不断深入，经济运行机理也随之发生重大变化。一方面，我国生产潜力得到很大程度激发，迅速走上了生产扩张的道路。另一方面，近年来居民的需求结构发生了深刻变化，人民群众的需求出现个性化、多元化趋势。社会需求变化引发经济结构调整，对此，要从供给侧结构性改革入手，努力实现供需平衡。供给侧要求以完整产业体系为基础，以差异化、智能化、网络化为主要发展方向，以创新为主要抓手，不断提升品牌影响力，推动产品的质量和附加值大幅度提升。

第三，效率性与公平性相统一。经济学意义上的效率主要是指资源配置效率与投入产出效率。效率的提高首先需要进一步解放思想，不断进行体制机制改革，提高以资本为核心的各类要素的有序流动与市场化配置效率，助推生产力与生产关系有机统一，互相适应。高质量发展要求初次分配要体现效率，各类要素按贡献参与分配，实现投资有回报、企业有利润、员工有收入、政府有税收。其次需要牢固树立"创新是引领发展的第一动力"的理念，通过科技创新来逐渐提高科技贡献率、资本产出率以及劳动生产率，最终使全要素生产率得到提高。在可预见的未来，我们要紧紧抓住互联网与信息技术融合发展所带给生产生活方式的智能化与数字化便利优势，推动经济发展方式转变。公平主要是指使收入分配更加合理，人民群众幸福感不断得到提升。高质量发展视域中的公平要求在再分配过程中，政府发挥收入分配调节的核心作用，通过整顿收入分配秩序来调节高收入，保证中低群体的合法性收入，把收入差距控制在一定范围内，防止出现严重的两极分化，最终形成科学有序的分配关系和"橄榄形"的收入分配格局。此外，提供公平机会，保证基本公共服务的数量、质量以及均等化率能够稳步提高，使整个社会可以享受普遍提高的福利，全体人民走上共同富裕的道路。总之，兼顾效率与公平是高质量发展的应有之义，亦是衡量高质量发展的重要标准。

第四，开放性。当前我国已经成为对世界经济增长贡献最大的国家，形成世界上最大规模中等收入群体，这与我国多年来的对外开放密切相关。在此基础上，高质量发展要求构建全面开放格局，表现为进一步提高开放型经济水平。在高质量发展阶段，我国将以"一带一路"建设为统领，推进基础设施互联互通，推进产业合作和服务贸易合作，建立自由贸易区网络，打造高水平对外开放新格局。

第五，可持续性。可持续性的实质是绿色发展，我国长期以来粗放型经济增长方式与资源环境的矛盾越来越大，必须着眼于形成促进经济结构调整优化和增长方式转变的体制机制。而在高质量发展阶段，彻底扭转高投入、高消耗、高污染的粗放式发展方式，从根本上改善生态环境，取得有效益、有质量、可持续的发展实绩。

第二节 面临的主要问题

第一，供给侧结构性问题突出。当前我国需求侧结构正发生深刻的历史性变化，而供给侧结构性问题已成为制约经济转向高质量发展的主要障碍。首先，投资效率下降和债务杠杆率攀升。当前，制造业、房地产、基础设施投资处于下降通道；以绿色创新为代表的新型投资仍面临一定程度市场准入障碍；在经济处于下行的压力下，公共产品投资面临一定压力，因此，以往惯用的投资刺激方法必然遇到更大的困难。其次，从消费端来看，消费升级主要表现为消费贡献率由54.9%提高到58.8%，境外旅游购物金额达到1.2万亿~1.5万亿元，这说明，庞大的中等收入群体的消费已经由温饱型向享受型进行转变，而供给侧具有较大缺口。最后，贸易保护主义抬头严重威胁高质量发展态势。2008年国际金融危机以来，全球经贸投资受贸易保护主义、孤立主义、民粹主义影响而变得举步维艰，各界普遍看衰世界经济长期发展趋势。在这种情形下，我国高质量发展必然受到外部环境的影响。

第二，人力资本配置效率不高。我国劳动力成本随着人口增速放缓和收入水平的提高而提高。人口红利优势正在逐渐丧失，人均产出效率总体偏低。在经济新常态、加快实施创新发展战略的背景下，现有的人力资源在结构分布、供需匹配、创新能力、敬业精神等方面还存在较大差距。人才结构问题凸显，高端研发、技术服务和专业技能人才短缺，原因在于缺乏多层次的职业教育和技术培训体系。与此同时，我国存在人才发展激励机制不完善、人才培养和社会需求未能有效衔接等问题。

第三，非均衡因素有待优化。这主要表现为：一是区域发展不均衡。我国各地经济发展水平差异较大，如2016年人均GDP最高的5个省份与最低的5个省份的平均水平相差3.22倍。此外，在人口分布、生产力布局、基础设施和公共服务等方面，各地依然存在多层次分化问题。二是城乡发展不均衡。我国城镇化发展质量有待提高，常住人口城镇化率与户籍人口城镇化率不匹配，城乡二元经济结构问题依然存在，城乡基本公共服务均等化有待进一步推进。大城市、特大城市、超大城市的要素高度集聚，中小城市发展相对滞后，城市综合服务功能有待完善，城市间区域协调性较弱，经济中心的辐射动能不足，等等。三是收入分配不平衡。改革开放以来，我国城乡居民可支配收入水平显著提高，但城乡居民之间、地区和行业之间的收入差距逐渐扩大。如2008全国居民收入基尼系数为0.49，高于联合国定义的高位区间（大于0.4）的范围，存在严重的收入差距。虽然自2008年尤其是2012年以来，我国基尼系数有下降的趋势，然而自2016年开始居民收入基尼系数又出现上升。从区域来看，2017年，我国居民人均可支配收入高于3万元的省市都集中于东部地区，东西部地区收入差距则在2倍左右上下波动。

第四，生态环保面临压力。长期以来，粗放式经济发展方式在较长时间推动了我国工业化进程，尤其是以重化工业、房地产、装备制造业为代表的产业快速增长，必然导致生态环境资源出现问题，其中以森林资源减少、土地沙漠化加剧、水土流失、大气污染和水污染等问题表现最为突出。

第五，制约创新能力提高的体制机制约束有待进一步破解。我国一些企业存在科技创新和文化创新能力不强、水平不高等问题，尤其是中小企业在自主创新发展过程中普遍面临缺乏人才、技术、品牌、渠道以及经验与能力问题，政府、企业、社会协同驱动创新的体制机制有待进一步理顺。政府在做好配套服务的同时，重点做好主动推动产学研联合研发和全方位国际、国内合作，在技术的创新与突破中发挥引领作用，弥补民间企业在科技创新能力方面的不足，且在人才、技术、品牌、渠道以及经验与能力等方面给予更多的政策支撑。此外，激励人才创新的体制机制不健全，主要表现为相对滞后的科研管理体制抑制了科学家精神发挥作用。

第九章 经济高质量发展的经济伦理意蕴之一——效率

"效率"是经济学范畴，指的是资源投入产出比率，其实质是资源的有效配置问题。在经济中，资源的稀缺程度决定了各自供给水平的差异。资源合理配置可以使有限资源发挥更大作用，反之则可能导致负效应。这就是说，一定的投入有较多的产出或一定的产出只需要较少的投入，意味着效率的增长，反之则意味着效率的下降。

第一节 西方经济学视域中的效率

西方经济学家对效率的认识有一个不断发展的过程。西方古典自由主义经济学家最初认为效率仅与生产相互关联，而后西方经济学家逐渐认识到，效率亦与分配息息相关，"帕累托最优状态"能够对其进行准确概述。西方经济学界对其进行了诸多角度的解读。

一、自由主义效率理论

自由主义效率理论产生于17—18世纪的英国工业革命阶段，西方古典自由主义经济学家认为，市场经济高效率的原动力就是自由竞争。这是因为，高度开放的市场提供了自由竞争、创造与发展的大量机遇，这些都促使社会各类资源能够实现有效配置。

在西方经济学界，经济自由主义主要表现为几种理论形态：自由放任的或激进的经济自由主义、温和的或理性的经济自由主义、古典的经济自由主义（斯密和曼德维尔）以及现代的经济自由主义。不同的经济自由主义对效率的理解各有差异，其中以古典经济自由主义效率理论最具代表性。如曼德维尔的"蜜蜂的寓言"和斯密的"看不见的手"的理论。曼德维尔在《蜜蜂的寓言》中指出，社会如同一个庞大的蜜蜂窝，只有每只蜜蜂努力酿蜜，整个蜂窝才会蜜流如注。这就是说，社会公益的繁荣来自每一个社会成员的努力创造，社会的效率来自个人的自由创造和对私利的追求层面。他重点强调个人具有趋乐避苦的本性，这成为个人追求的动力。斯密"看不见的手"的理论是在此进行了经济学的系统表述。

斯密指出，经济学的价值就在于帮助人们找到能够实现最大利益，创造最大财富的最合理方式。财富来自劳动，而生产性劳动则取决于劳动及其产品的市场效用。市场像一只"看不见的手"引导着人们追逐自身的利益。整个社会的财富会在这种价值引领下实现增加。斯密说："用不着法律的干涉，个人的利害关系与情欲，自然会引导他们把社会的资本，尽可能按照最适合于社会利害关系的比例分配到国内一切不同的用途。"[①]可以看出，斯密的市场逻辑是人性逻辑的经济反映。

二、功利主义效率理论

19世纪垄断资本主义时期，西方经济学家在自由主义效率理论的基础上提出了功利主义效率理论。与古典自由主义不同，功利主义不仅将社会公

[①] 亚当·斯密.国富论（下卷）[M].北京：商务印书馆，1974：119.

利看作个人私利的副产品，而且也指出个人行为价值取向必然包括个人利益与社会利益。社会和社会利益只是个人和个人利益的总和。功利主义代表人物边沁指出："社会是一种虚构的团体，由被认作其成员的个人所组成。那么社会利益又是什么呢？它就是组成社会之所有单个成员的利益之和。"[①] 只要行为对最大多数人有利，此行为就是有效率的。科斯洛夫斯基在《资本主义的伦理学》一书中说："在设想存在着已知的恒定的目标的情况下，道德问题被缩小成经济学问题，而伦理学被经济学所取代。奈特在古典政治经济学里，在功利主义者边沁和穆勒那里，已经看到了这一伦理学被一种更高级的经济学取代的事情，但是也在斯宾塞主义那里看到了这种情况。……伦理学被缩减成了最大的快乐之目的对资源所进行的最佳分配。"[②] 从人性来看，苦乐感受是主宰人类行为的两种基本情感，它决定了人类行为趋乐避苦的自然本性。因此，人类价值目标也应该追求效率最大化。

三、帕累托效率理论

20世纪以来，法国著名学者帕累托提出的"帕累托效率"理论在西方学术界产生了重要的影响力。历史上看，无论是古典自由主义的效率理论，抑或功利主义的效率论证，都仅从价值的生产性角度进行阐述，关注社会生产的积累性效果，看重人类生活的实质性价值的增长。然而，随着市场经济的发展，效率的含义不再局限于物质性视角，而向更广范围延展。英国著名经济学家刘易斯在《经济学增长理论》一书中提出，促进经济增长的直接原因有三：经济活动、知识和科学技术的积累、资本的积累。现代经济学更强调社会或市场的制度性因素，社会效率的影响。社会生产或经济总量的增长不一定带来社会经济效益的提高，它可能使社会资源垄断、分配不公等社会

---

① 周辅成. 西方伦理学名著选辑 [M]. 北京：商务印书馆，1987：212.
② 科斯洛夫斯基. 资本主义的伦理学 [M]. 北京：中国社会科学出版社，1995：32.

问题相伴发生。帕累托效率理论正是在这样的社会背景下产生发展起来的。

帕累托效率又可称为"帕累托最佳状态"和"帕累托最优"。它是指在某一体系某一状态中，当且仅当该体系中再没有一种可行的可供选择的状态能使个人的境况变好，而同时又不会使其他人的境况变坏时，该体系处于"帕累托最佳状态"或"帕累托最优"。这既是一种理想的目的性效率状态，也是一种比较性的效率状态。因此，学界可以用其全面分析整个社会的生态与分配效率。其理论贡献在于，古典自由主义和功利主义的效率理论仅重视生产而非分配，实质是一种纯粹经济效果论和道德目的结果论。它们认为分配问题不是效率问题，因为社会经济总体效益的增长必然会导致社会分配的增加。在分配中，市场能够发挥最客观、最完善、最公平的体制作用。而事实情况却是，即使在理性和规范的市场经济条件下，生产效率的增长也有可能产生分配的恶化，这会导致特定人群的相对贫困化，社会处于不稳定状态之中。可以说，帕累托效率理论是对历史上的效率理论的一次拨乱反正，在很大程度上弥补了古典自由主义和功利主义的效率理论的缺陷。但是，帕累托的效率理论也存在局限性。艾伦·布坎南说："在所讨论的效率原则中，'帕累托最佳状态'原则和'帕累托最优状态'原则似乎提供了一种效率之最有综合性的方法，因为它们所使用的社会状态概念所具有的内涵，足以把生产资源的配置方式、生产的组织方式，以及消费品的分配都考虑进来。"[1]

第二节　经济伦理学的效率概念

作为经济学领域中的基础且重要的概念，效率问题愈发为学界所重视。随着社会各界对效率重视程度的提高，人们逐渐打破了对效率认识的经济学局限，开始在更广的范围内使用此概念，其内涵在不断的丰富之中，经济伦

---

[1] 艾伦·布坎南. 伦理学、效率与市场 [M]. 北京：中国社会科学出版社，1991：10.

理学就是其中重要研究分支。

经济伦理站在更高、更广、更深的社会角度来理解效率问题，效率是包括经济价值、社会价值以及道德价值在内的多重综合性价值集合体。它不仅表现在社会生产上资源投入与产出的高比例层面上，而且也表现在市场分配、政府调控和道德调节在内的社会公平分配所带来的社会经济持续增长、社会秩序的良序稳定、充分就业、物价稳定、社会福利的普遍提高、个体公民生活水平的普遍提升等综合指标。也就是说，效率是包括政治、经济、道德等多个维度。因此，经济伦理原则下的效率就能更好地实现下列目标：（1）该体系较其他体系能够产生更高的生产率；（2）该体系所创造的生产率较其他体系能够为全体成员带来更多的福利或利益共享，这是帕累托效率理论的基本内容；（3）该体系运用的分配方式较其他体系更公平合理，也更有效率。简而言之：第一，倘若一个社会组织或个体是有效率的，当且仅当该体系较其他体系具有更高的生产性效率，且同时具有更广泛的社会分配率。第二，倘若一个社会组织或个体是有效率的，当且仅当该体系的社会安排不仅较其他体系更能够使所有社会成员中至少有一些甚至大多数成员的生活状态得到改善，而且也较其他体系更能够确保他们之间生活改善的差异程度保持在为社会绝大多数成员可以接受的范围之内。第三，倘若一个社会组织或个体是有效率的，当且仅当该体系较其他体系更有助于人们实现和完善其生活的目的。以上的效率条件与标准兼具经济学目的论和社会伦理学道义论的特点。

第三节　经济伦理与高质量发展

适应和引领经济发展新常态的根本目的，就在于实现经济高质量发展。这已成为当前和今后一个时期确定发展思路、制定经济政策、实施宏观调控的根本要求。

一、经济已由高速增长阶段转向高质量发展阶段

当前我国经济发展正处于转变经济发展方式的攻坚期，人口红利锐减、投资边际收益下降、资源环境约束加大，片面追求规模与速度的传统粗放型经济发展方式难以为继。对此，我们需要从供给侧入手来推动经济高质量发展，形成优质高效且多样化的供给体系，在新的水平上实现供求均衡。从社会主要矛盾层面来看，当前社会主要矛盾已转变为人民日益增长的美好生活需要和不平衡不充分的发展之间的矛盾，人民群众的需求重点已经从"有没有"转向"好不好"。因此，提高经济发展质量是满足人民群众对美好生活向往，解决不平衡不充分发展问题的必然选择。从全面建设社会主义现代化强国的要求看，当今世界正迎来新一轮产业革命和技术革命，科技实力、创新能力、人力资本等成为国际竞争的焦点，仅靠规模已经无法在国际竞争中胜出，必须转向高质量发展。从经济发展规律看，经济发展过程表现为一种非线性的螺旋式上升过程，我国经济发展也要遵循量变引起质变这一规律。所以，我们要既重视"量"的发展，也要重视解决"质"的问题，主要精力放到推动高质量发展上来。

在我们这样一个人口与经济规模庞大的国家，由高速增长向高质量发展的转变是一个长期的历史过程。要大力转变经济发展方式、优化经济结构、转换增长动力，特别是要净化市场环境，提升人力资本素质，增强国家治理能力。建设现代化经济体系势在必行。

二、高质量发展与效率

经济的高质量发展，可分为广义与狭义角度。从广义角度说，经济高质量发展不仅限于经济增长范畴，还应考虑社会、政治、文化、生态等方面的影响因素；从狭义角度说，经济高质量发展，就是一个经济体（或企业）在投入上，能够通过合理配置生产要素，推动效率变革，实现资源配置由粗放

向集约进行转变,使资源要素的利用效率大幅度提高。在产出上,能够通过技术创新和管理创新推动质量变革、动力变革,使产出品质和效益明显提升。我们可以从效率角度进行如下解读:

第一,从发展理念来看,高质量发展充分体现了新发展理念。创新是引领发展的第一动力,着力解决的是发展的动力问题;协调是持续健康发展的内在要求,着力解决的是发展不平衡问题;绿色是永续发展的必然条件和人民对美好生活追求的重要体现,着力解决的是人与自然的和谐问题;开放是国家繁荣发展的必由之路,着力解决的是发展内外联动的问题;共享是中国特色社会主义的本质要求,着力解决的是社会公平正义的问题。从效率视角来看,创新是发展的动力所在,经济社会发展来自每个社会成员的创造性贡献,经济效率也在很大程度上体现着个人对创造所关注的物质与精神追求。个人的创造性生产劳动将实现个人利益与社会利益的统一。在此过程中,市场将发挥重要作用,即将个人或组织的创新成果通过市场运行机制实现初次分配,保障效率的初步实现。但市场失灵仍然会导致二次分配的恶化,导致整个社会效率的降低,这时就需要国家在其中发挥重要调节作用。我国从根本上破解了由于资本主义经济制度所导致的伦理弊端,始终强调生产力的作用与地位,将发展生产放在第一位,突出物质利益的作用及其与文化软实力的协同作用,这些都蕴含着效率价值观。

第二,高质量发展是供给与需求的高质量统一过程。从供给来看,高质量发展的特点在于完备的产业体系、智能化、网络化的生产组织方式,以及强大的创新力、品牌影响力、核心竞争力和捕捉市场需求的能力;从需求来看,高质量发展是不断满足人民群众个性化、多样化、不断升级需求的发展,这种需求又引领供给体系和结构的变化,供给与需求形成良性互动。面对经济发展进入新常态的历史性变化,一方面,我们要从供给入手推动结构性改革,原因在于,其很大程度上蕴含着改革进程中的效率贡献。完备的产业体系、智能化、网络化的生产组织方式就是相比于粗放式发展方式所具有高效率特点,因为这可以充分发挥每个人的创造性贡献,通过市场等手段引导人们对物质与精神追求的关注,在实现创造性生产劳动的同时,不断提升其创新潜力,最终实现个人利益与社会利益的统一;另一方面,不断升级的需求新变化促使供给不断调整其产业结构,以更高效的生产速度、产品质量等满足需求的发展要求。可以说,供给的一系列变化都源于需求对效率的高标准要求。"效率"学说从生产关系视角出发,以其广度和深度来探讨经济价值和社会价值。供给与需求高质量发展不仅蕴含了资源较少投入、较高产出的生产效率,而且也展现出高质量发展所带来的经济社会持续发展、稳定的社会秩序、社会福利的普遍提高、群众生活水平普遍提升等社会整体效率的提高。在发展生产效率的同时,着重关注整个社会效率的普遍提升。

第三,高质量发展是投入产出最合适的发展。高质量发展是通过各类生产要素,如土地、劳动、资源、资本、环境等的有效利用,不断加大科技创造等各类创新投入力度,实现全要素生产率的提高,进而保持经济的可持续发展。高质量发展的核心要义在于提高全要素生产率。在整个社会中,全要素生产率的提高不仅使生产效率得以提升,而且也使分配领域的效率得到提高,形成一种可比较的、理想型的、目的性强的效率状态。不同于以往粗放式增长方式,土地、劳动、资源、资本、环境等要素的有效利用有力地推动了经济效率的提高,各类要素与劳动力结合所表现出的创造性贡献,反映了其效率得到了极大的发挥,必然在经济运行中满足了个体及社会的利益需要。市场在此过程中发挥了重要作用,主要是初次分配效率的提高。可以说,高质量发展从更高深的经济、社会及道德层面来理解效率问题,既要投入产出的效率,也要整体社会效率的提高。只有始终以生产力发展作为第一要务,以投入产出比为重要评价依据之一,才能带动整体效率的提升。

第四,高质量发展也表现为经济循环顺畅的发展。从生产到消费的全过程就是经济循环,这为经济持续健康发展打下了坚实基础。推动高质量发展,就是要通顺国民经济循环体系,建设统一开放、竞争有序的现代市场体系,提高金融体系服务实体经济能力,形成国内市场和生产主体、经济增长和就业扩大、金融经济和实体经济良性循环。从经济伦理角度来看,表现为经济循环中各要素的相互协调思想，各要素在经济循环中能够发挥各自的作用并相互协调，在很大程度上提高整体经济效率，生产、消费、交换、分配的利益都将得到补偿。在这一过程中，国家与市场将发挥重要作用，即通过自觉与非自觉的手段协调各要素，保证个体效率与整体效率的共同提升。

总之，当前我国经济发展正由传统的以"GDP 增长"为中心向高质量发展转变，充分说明发展动力发生了重大变化，就是要逐步找到新的经济增长点，就是要打造人与自然和谐发展的循环发展模式。从这个发展方向可以看出，高质量的发展关键在于质量，而非一味地追求速度。因此，在结构升级、区域均衡、全要素生产率、绿色等多维因素中反映"质量"的要求，资源利用效率必然贯穿其全过程。

第十章　经济高质量发展的经济伦理意蕴之二——公正

东西方文化背景的差异决定了人们对"公正"的理解也不同。在我国，传统文化中的公正主要是指个人的道德，而非社会制度的范畴。个体道德语境下的公正主要是指正直、无私心。孔子说："子率以正，孰敢不正？"（《论语·颜渊》）贾谊说："兼覆无私谓之公，反公为私。方直不曲谓之正，反正为邪。"（《新书·道术》）而在西方的文化传统中，往往侧重于社会制度层面的规范，兼论个人道德问题。这就是说，公正主要表现在社会利益在分配时做到公平合理，在于社会制度发挥重要作用。古希腊史专家罗斑认为，古希腊思想中的公正就是确切而适当的法度均衡和正直，是与粗鄙的情欲、欺骗及统治者的野心相对立的。

一、近现代西方主要的公正理论

近代以来，西方思想界普遍认为，公正问题的产生与社会生活中的既定利益息息相关，而这些利益尚不能与人们的需求完全匹配，表现为一种结构性矛盾。如现代美国思想家罗尔斯指出："一方面，由于社会合作，存在着一种利益的一致，它使所有人有可能过一种比他们仅靠自己的独自生存所过的生活更好的生活；另一方面，由于这些人对由他们协力产生的较大利益怎样分配并不是无动于衷的（因为为了追求他们的目的，他们每个人都更喜欢较大的利益份额而非较小的份额），这样就产生了一种利益的冲突，需要一系列原则来指导，在各种不同的决定利益分配的社会安排之间进行选择，达到一种有关恰当的分配份额的契约。这些所需要的原则就是社会正义原则，它们提供了一种在社会基本制度中分配权利和义务的办法，确定了社会合作的利益和负担的适当的分配。"[1]

现代西方学界，两种代表性的分配公正理论分别是权利资格论与公正道义论。美国哲学家诺齐克是权利资格论的代表人物，美国政治哲学家、伦理学家罗尔斯是公正道义论的代表人物。两种理论的区别在于关于社会公正问题的内在矛盾问题。社会公正本质上讲就是诸多利益关系的平衡，个人利益与社会利益的关系是其中的关键，二者的矛盾与统一是各学派研究的焦点与分歧所在。具体而言：

第一，公正道义论。罗尔斯指出，现代社会所存在的根本性问题不仅在于社会有着无效率的价值生产以及个人权利的目的论证，而且也存在着如何在社会日益多元化条件下确保民主生活的协调一致与长治久安，并确保个人自由或权利的普遍实现的问题。对此，他在《正义论》中指出，"正义是各种社会制度的首要美德，如同真理是思想体系中的首要美德一样。"[2]个人的权利与自由亦具有神圣的价值，但其实现却关乎社会秩序的正义判断，个人权利与自由与社会的权利与自由息息相关。简单来说，人们只有合作才能实现各自的目的，在这其中产生了权利与义务分配的正义问题。人们在进入社会合作之初，为了分配公正，采取社会契约的方法建立起了公平合理的制度，用以指导参与社会合作的每一个公民的利益选择，这就是社会正义原则。公正的社会制度安排是进行社会合作的前提，社会制度的安排需要满足三个条件：其一，各人的生活计划必须共同适应，在"基本善"的问题

---

[1] 约翰·罗尔斯.正义论[M].北京：中国社会科学出版社，1988：2.
[2] 约翰·罗尔斯.正义论[M].北京：中国社会科学出版社，1988：1.

上达成默契；其二，社会合作的目的是寻求更高的效率和公平；其三，社会合作必须稳定或保持良好的秩序。能够满足以上三个条件的社会安排才是正义的。

社会分配必须符合社会正义原则，社会正义原则系统的基本表述是："第一原则：每个人都拥有一种与其他人的类似自由相容的最为广泛之基本自由的平等权利。第二原则：社会的和经济的不平等应这样安排，以使（1）人们有理由期望它们对每一个人都有利；（2）它们所附属的岗位和职务对所有人开放。"[1]这两个原则又可被称为"平等的自由原则"和"差异原则"。平等的自由原则是指保证社会中的每个成员或公民都享有平等的自由权利，包括政治上的自由（选举的权利和有资格担任公职的权利），以及言论和集会的自由、良心的自由和思想的自由、个人的自由及保障（个人的）财产的权利，依法不受任意拘捕的自由和不被任意剥夺财产的自由。而差异原则是指在人们实际生活过程中，调节和规范利益差异，使其保持在合理可行的限度内，达到公正合理的目的。这就需要做到两个方面：一方面是利益分配的差异应当能够为社会的绝大多数成员所容忍或接受；另一方面是这种差异的存在必须使所有人得利，尤其是使那些处于社会最不利地位的人获益，即"惠顾最少数最不利者"。

第二，权利资格论。诺齐克是权利资格论的代表人物，其理论主要特点在于通过国家权力的起源、作用和限度等问题的合法性证明，把个人权利或"资格"的概念论证，由一种先验的哲学预制层面，转换到实际资格的经验证明层面，即将洛克的天赋人权假设转换为人权资格的证明。因此，又常被称为资格理论。

资格理论指出，每一个人所能拥有或得到的权益（财产、财富和其他利益）都必须且只能基于其具备的特殊资格。但是，只要具有合理的资格，那么，人们对自己权益的拥有就是正义的，任何人或组织——无论是以国家的

---

[1] 约翰·罗尔斯. 正义论 [M]. 北京：中国社会科学出版社，1988：56.

名义，还是以社会整体利益的名义——都不能侵犯之。所以"个人权利神圣不可侵犯是公正的最高标准"。因此，在诺齐克看来，国家和社会存在的全部意义，在于其作为保护个人权利或资格的基本条件或工具。国家和社会通过行为补偿和行为禁止来实现。行为禁止就是国家禁止或允许的政府行为，当且仅当被证明有充分正当的理由才是合法的、公正的。只要某一行为不妨碍他人利益就是正当可行的，即使是妨碍他人利益的行为（僭越界限的冒犯行为）也不应该简单地禁止，建立某种补偿原则是解决问题的关键。行为禁止就是如果给了行为冒犯者以相应的价值补偿，或如果行为者愿意为或已经为自由的行为付出相应的冒犯代价，则该行为就应该是可以允许的。

虽然以上两位学者的理论在现代西方社会受到了来自政治学、经济学以及伦理学的冲击，但其理论内核仍然深深地影响了西方学术界。如罗尔斯的正义论影响了西方福利经济学，使经济学产生了"分配主义"和"再分配主义"倾向；罗尔斯的正义论也影响了欧美国家的经济政策和政治取向，它也成为欧美国家实行国家福利和国家干预政策的理论依据。总之，不同的社会历史阶段必然表现为人们的社会利益差异性，人们对此的认识也存在很大的差别，关于公正的思想和理论也随着社会的进步，不断地发生变化。

二、经济伦理视域中的公正

公正不仅是经济学概念，也具有伦理学意义，即涉及价值判断问题。社会公正问题从经济伦理视角进行解读就是既要突出伦理公正的广泛性，又要突出经济公正的特色。因此，公正通常被界定为通过合法的社会制度安排和利益调节机制或方式，对社会经济生活中的权益与责任的公平分配和合理调节，以及与此相应的人们的正义感和正直品格。在经济伦理视域中，公正的概念既具有社会制度伦理的意义，也具有个人美德的意义。经济制度的公正是其他形式公正的先导，既包括市场分配的原始公正，也包括社会经济生活各环节的公正；它既包括自由竞争、平等参与、机会均等基本权利，也包括经济价值与效益等实质性价值，还包括社会服务、社会保险、资源共享等社会有利条件。可以说，市场经济条件下的公正就是按照市场运作规律和法则进行分配所体现出的公正。市场分配公正就是资源配置方式与产出效率所对应的起点公正。而由于先天资质差异、财产遗传、地域差异等要素禀赋的不同，需要政治、文化等多种机制弥补市场分配原始公正的不足。

第一，关于资产阶级公正观。资本主义生产方式是以生产交换价值为目的的商品经济，并由此发展出市场经济体系。作为经济主体之一的商品生产者拥有个人意志，他们都是各自独立且平等的主体，作为商品生产者之间不存在依附关系，不能使用暴力手段无偿占有他人的产品或商品。对此，整个资本主义经济关系必然表现为要求自由与平等权利，资产阶级的公平观归结为资本家与工人平等地相待，不存在特权。资本主义形态中的公平观实质上是反映了资产阶级无偿占有工人剩余价值的事实，是资本主义经济关系中资本剥削工人关系的理论表现。

第二，关于无产阶级公正观。经济主体之间的全面平等，本质上是由市场经济的交换形式所决定，是交换价值理想化的表现。交换价值在商品交换中起到了决定性作用，它成为商品交换者间实现全面平等、社会道德公平、经济伦理公平的基础。这也成为无产阶级与资产阶级进行斗争的重要思想武器。其意义在于：一方面，对社会极端不平等、对富人和穷人之间、主人和奴隶之间、骄奢淫逸者和饥饿者之间对立的自发的反应，对这种社会的极端不平等现象的抗议，表明了要求消灭这些不劳而获的剥削阶级的强烈愿望。另一方面，无产阶级借鉴资产阶级公平观的一些合理因素，要求不仅在政治领域，而且还应当在社会、经济领域中实行平等。如果对这种观点加以改造和发展，必然得出应当消灭资本主义剥削制度，从而消灭资产阶级本身的结论。

三、高质量发展所蕴含的公正

高质量发展过程中不仅要体现充分的经济效率，也要科学合理分配地发展。这是因为,分配既是经济运行的结果,也是经济发展的动力,亦能反映经济运行所遵循的价值取向。分配质量的好坏可以直接折射出经济结构的优劣,这其中蕴含了分配公正的价值取向。具体而言:

第一,高质量发展能够充分体现我国社会主义市场经济体制具有公正性,这种根本制度性公正可由此决定经济运行过程中的一系列公正,即可通过市场分配的原始公正推动经济社会各方面的公正。高质量发展就是各市场经济主体能够平等参与竞争,拥有同等机遇的发展;就是在发展过程中注重基本社会保障,人人共享的发展。可以说,高质量发展中的公正就是在市场经济规律作用下,以分配为抓手折射出的科学价值取向。在高质量发展中,资源配置与产出能够形成高效率,这为科学合理分配提供了起点公正保障。而出于各主体对各类要素禀赋所掌握的起点不同,必然形成差异化的现状,此时,我国社会主义制度优势就发挥了重要作用,即通过政治以及文化等多种协调机制来弥补这一不足。

第二,我国各市场经济主体都拥有自主意志,拥有独立平等的地位。各主体之间不存在依附关系,各自对各项经营活动拥有完全处分权。而资本主义市场经济公平所传达的表面上的资产阶级与无产阶级平等,但却丝毫不能掩盖资产阶级对无产阶级的剥削事实,二者间没有任何平等关系存在。对此,中国特色社会主义市场经济的优势就在于不仅实现了交换平等,而且以此为基础推动社会其他领域公正化进程,释放了抑制两极分化的强烈信号。

第三,在再分配过程中,高质量发展视域中的公正,政府将发挥核心作用。政府通过整顿收入分配秩序来调节高收入,千方百计增加中低收入群体的合法收入,努力控制收入差距,防止出现严重的两极分化,最终形成科学有序的分配关系以及"橄榄形"的收入分配格局。

第四,从经济伦理目标层面来看,全体人民要通过努力奋斗、互帮互助实现物质文明与精神文明双丰收的共同富裕,社会主义经济要比资本主义经济发展更具质量,并在此基础上不断改善人民的物质文化生活水平。在实现这一目标的过程中,社会主义经济道德要发挥重要作用,社会主义经济道德以集体主义为原则，践行全心全意为人民服务的根本宗旨，这需要公正合理的经济伦理价值观以及相关政策举措才能实现。此外，共同富裕特别要突出其共同性的特征，但这种共同富裕不是同时富裕而是要区分好先富和后富的关系。大的方向和原则是共同富裕，但要让一部分人、一部分地区先富裕起来，让部分地区率先发展而带动其他地区发展，这也体现出高质量发展对人民群众整体公正的价值取向。原因在于，我国存在发展不平衡的问题，落后地区与发达地区的差距要适度，既要提高经济效率，又要防止差距过大。对此，我们要坚持公平正义，逐步提升各地基本公共服务的数量、质量及均等化水平，逐步消除人民参与经济发展、分享经济发展方面的障碍，帮助人人获得平等的发展机会，促使各地逐步享受普遍提升的社会福利，全体人民由此走上共同富裕的道路。

结　语

高质量发展是以现实人的诉求为价值取向。我国经济正在实现升级换代，向高质量发展变迁，这充分说明改革开放 40 多年为人民的物质与精神需求提供了充足的供给。高质量发展表现为人民的需求向更高层次的自我发展与自我实现需求。可以说，高质量发展的内在动力就是人民丰富且多样的需求，体现了实践是包含价值的人类存在形式。需求的跃迁充分展现了社会主义制度的显著优势。高质量发展所蕴含的价值意蕴已经成为中国特色社会主义经济事业的指引，这是一个不断满足人民对美好生活向往中凝结成的全体中华儿女的价值共识。

高质量发展为我国的发展指明了方向。以新发展理念为工作指引，以转变经济发展方式为考量指标。随着我国高质量发展的深入推进，中国的发展愈加与全球体系关联紧密，只有推动全面深化改革，构建全面开放新格局，不断加深合作层次、优化结构、提升质量，才能使我国发展迈向更高水平。

实践证明，高质量发展既符合人类社会发展的一般规律，也深刻体现出"中国道路"的创造性实践框架。高质量发展不是教条，而是蕴含着丰富经济伦理价值观的"工作指南"，充分展现出具有鲜明中国特色的基于我国现阶段的新发展阶段特征。

参考文献

一、著作类

[1] 乔法容.宏观层面经济伦理研究[M].北京：人民出版社，2013.

[2] 乔治·恩德勒.经济伦理学大辞典[M].上海：上海人民出版社，2001.

[3] 黄云明.经济伦理问题研究[M].北京：中国社会科学出版社，2009.

[4] 王小锡，朱金瑞，汪洁.中国经济伦理学20年[M].南京：南京师范大学出版社，2004.

[5] 朱贻庭.中国传统伦理思想史[M].上海：华东师范大学出版社，2004.

[6] 程恩富.国家主导型市场经济论[M].上海：上海远东出版社，1995.

[7] 余政.综合经济利益论[M].上海：复旦大学出版社，1999.

[8] 薛永应.社会主义经济利益概论[M].北京：人民出版社，1985.

[9] 恽希良.经济利益概论[M].成都：四川人民出版社，1991.

[10] 阎学通.中国国家利益分析[M].天津：天津人民出版社，1996.

[11] 张玉堂.利益论——关于利益冲突与协调问题的研究[M].武汉：武汉大学出版社，2001.

[12] 王伟光. 利益论 [M]. 北京：人民出版社，2001.

[13] 余钟夫. 制度变迁与经济利益 [M]. 西安：陕西人民出版社，2001.

[14] 玛莎·费丽莫. 国际社会中的国家利益 [M]. 杭州：浙江人民出版社，2001.

[15] R.科斯，A.阿尔钦，D.诺斯. 财产权利与制度变迁 [M]. 上海：上海三联书店，1991.

[16] 道格拉斯·C.诺思. 经济史中的结构与变迁 [M]. 上海：上海三联书店，1994.

[17] 卫兴华. 市场功能与政府功能组合论 [M]. 北京：经济科学出版社，1999.

[18] 张维迎. 博弈论与信息经济学 [M]. 上海：上海三联书店，1996.

[19] 谢识予. 经济博弈论 [M]. 上海：复旦大学出版社，2002.

[20] 萨伊. 政治经济学概论 [M]. 北京：商务印书馆，1963.

[21] 弗里德里希·李斯特. 政治经济学的国民体系 [M]. 北京：商务印书馆，1983.

[22] 阿尔弗雷德·马歇尔. 经济学原理（上、下册）[M]. 北京：商务印书馆，1981.

[23] 凯恩斯. 就业、利息和货币通论 [M]. 北京：商务印书馆，1983.

[24] 保罗·A.萨缪尔森，威廉·D.诺得豪斯. 经济学（第12版）[M]. 北京：中国发展出版社，1992.

[25] 约瑟夫·熊彼特. 经济分析史（第一卷）[M]. 北京：商务印书馆，1991.

[26] 奥塔·锡克. 经济体制——比较、理论、批评 [M]. 北京：商务印书馆，1993.

[27] 丹尼尔·W.布罗姆利. 经济利益与经济制度 [M]. 上海：上海三联书店，上海人民出版社，1996.

[28] 曼库尔·奥尔森. 国家兴衰探源——经济增长、滞胀与社会僵化 [M]. 北京：商务印书馆，1993.

[29] 曼瑟尔·奥尔森. 集体行动的逻辑 [M]. 上海：上海三联书店，1995.

[30] 洪远朋. 经济利益关系通论——社会主义市场经济的利益关系研究 [M]. 上海：复旦大学出版社，1999.

[31] 魏埙，洪远朋. 现代经济学论纲 [M]. 济南：山东人民出版社，1997.

[32] 洪远朋.《资本论》难题探索 [M]. 济南：山东人民出版社，1985.

[33] 洪远朋，王克忠. 经济理论的轨迹 [M]. 沈阳：辽宁人民出版社，1992.

[34] 洪远朋. 我的经济观（第3卷）[M]. 南京：江苏人民出版社，1992.

[35] 海因茨·沃尔夫冈·阿恩特. 经济发展思想史 [M]. 北京：商务印书馆，1997.

[36] 格泽戈尔兹·W.科勒德克. 从休克到治疗——后社会主义转轨的政治经济 [M]. 上海：上海远东出版社，2000.

[37] 柯武刚，史漫飞. 制度经济学：社会秩序与公共政策 [M]. 北京：商务印书馆，2000.

[38] 贝尔纳·夏旺斯. 东方的经济改革：从50年代到90年代 [M]. 北京：社会科学文献出版社，1999.

[39] 雅克·阿达. 经济全球化 [M]. 北京：中央编译出版社，2000.

[40] 范·杜因. 经济长波与创新 [M]. 上海：上海译文出版社，1993.

[41] 尼尔斯·赫米斯，罗伯特·伦辛克. 金融发展与经济增长 [M]. 北京：经济科学出版社，2001.

[42] 霍利斯·钱纳里. 工业化和经济增长的比较研究 [M]. 上海：上

海三联书店，1996.

［43］刘易斯．经济增长理论［M］．上海：上海三联书店，1997.

［44］安纳利·萨克森宁．地区优势：硅谷和128公路地区的文化与竞争［M］．上海：上海远东出版社，1999.

［45］保罗·克鲁格曼．萧条经济学的回归［M］．北京：中国人民大学出版社，1999.

［46］彼得·德鲁克．后资本主义社会［M］．上海：上海译文出版社，1998.

［47］戴维·罗默．高级宏观经济学［M］．北京：商务印书馆，1999.

［48］丹尼尔·布罗姆利．经济利益与经济制度［M］．上海：上海三联书店，1996.

［49］丹尼斯·C.缪勒．公共选择理论［M］．北京：中国社会科学出版社，1999.

［50］丹尼尔·F.史普博．管制与市场［M］．上海：上海三联书店，1999.

［51］道格拉斯·C.诺思．经济史上的结构和变革［M］．北京：商务印书馆，1999.

［52］道格拉斯·C.诺思．制度、制度变迁与经济绩效［M］．上海：上海三联书店，1994.

［53］戈登·塔洛克．对寻租活动的经济学分析［M］．成都：西南财经大学出版社，1999.

［54］塞缪尔·亨廷顿．变革社会中的政治秩序［M］．北京：华夏出版社，1998.

［55］雷蒙德·W.戈德史密斯．金融结构与金融发展［M］．上海：上海三联书店，1996.

［56］查尔斯·林德布洛姆．政治与市场：世界的政治—经济制度［M］．上海：上海三联书店，1994.

[57] 罗伯特·M.索洛. 经济增长因素分析 [M]. 北京：商务印书馆，1999.

[58] 麦金农. 经济发展中的货币与资本 [M]. 上海：上海三联书店，1997.

[59] 麦金农. 经济市场化的次序 [M]. 上海：上海三联书店，1999.

[60] 西蒙·库兹涅茨. 各国的经济增长：总产值和生产结构 [M]. 北京：商务印书馆，1999.

[61] 约翰·G.格利，爱德华·S.肖. 金融理论中的货币 [M]. 上海：上海三联书店，1994.

[62] 约瑟夫·熊彼特. 经济发展理论——对于利润、资本、信贷和经济周期的考察 [M]. 北京：商务印书馆，1997.

[63] 约瑟夫·熊彼特. 资本主义、社会主义与民主 [M]. 北京：商务印书馆，1999.

[64] 詹姆斯·M.布坎南，戈登·塔洛克. 同意的计算——立宪民主的逻辑基础 [M]. 北京：中国社会科学出版社，2000.

[65] 理查德·琼斯. 论财富的分配和赋税的来源 [M]. 北京：商务印书馆，1994.

[66] 约翰·希克斯. 经济史理论 [M]. 北京：商务印书馆，1999.

[67] 巴泽尔. 产权的经济分析 [M]. 上海：上海三联书店，1997.

[68] 马克斯·舍勒. 资本主义的未来 [M]. 上海：上海三联书店，1997.

[69] 马克斯·韦伯. 新教伦理与资本主义精神 [M]. 上海：上海三联书店，1987.

[70] 塞缪尔·P.亨廷顿. 变化社会中的政治秩序 [M]. 上海：三联书店，1989.

[71] 世界银行. 2000/2001年世界发展报告：与贫困作斗争 [M]. 北京：中国财政经济出版社，2001.

［72］世界银行. 世界银行国别报告：中国战胜农村贫困[M]. 北京：中国财政经济出版社，2001.

［73］洪远朋. 共享利益论[M]. 上海：上海人民出版社，2001.

二、论文类

［1］龙静云. 经济伦理的三个维度[J]. 哲学研究，2006（12）.

［2］郭俊华. 经济伦理思想中的发展观[J]. 天津大学学报（社会科学版），2008（5）.

［3］白俊红，卞元超. 要素市场扭曲与中国创新生产的效率损失[J]. 中国工业经济，2016（11）.

［4］钞小静，惠康. 中国经济增长质量的测度[J]. 数量经济技术经济研究，2009（6）.

［5］陈聚芳，颜泽钰，孙俊花. 以基本公共服务均等化助力乡村经济振兴[J]. 经济论坛，2018（7）.

［6］陈宗胜，高玉伟. 论我国居民收入分配格局变动及橄榄形格局的实现条件[J]. 经济学家，2015（1）.

［7］程大中. 中国服务业的增长与技术进步[J]. 世界经济，2003（7）.

［8］程大中. 中国生产性服务业的水平、结构及影响——基于投入—产出法的国际比较研究[J]. 经济研究，2008（1）.

［9］邓剑伟，郭轶伦，李雅欣，等. 超大城市公共服务质量评价研究——以北京市为例[J]. 华东经济管理，2018（8）.

［10］杜春林，张新文. 乡村公共服务供给：从"碎片化"到"整体性"[J]. 农业经济问题，2015（7）.

［11］樊纲，王小鲁，马光荣. 中国市场化进程对经济增长的贡献[J]. 经济研究，2011（9）.

［12］干春晖，邹俊，王健. 地方官员任期、企业资源获取与产能过剩

[J].中国工业经济,2015(3).

［13］郭熙保,文礼朋.WTO规则与大国开放竞争的后发优势战略[J].经济理论与经济管理,2007(8).

［14］韩海燕.改革开放40年我国城镇居民财产性收入不平等状况的演进分析[J].上海经济研究,2018(9).

［15］何辉,樊丽卓.房产税的收入再分配效应研究[J].税务研究,2016(12).

［16］何树全.中国服务业在全球价值链中的地位分析[J].国际商务研究,2018(5).

［17］华而诚.论服务业在国民经济发展中的战略性地位[J].经济研究,2001(12).

［18］纪志宏.我国产能过剩风险及治理[J].新金融评论,2015(1).

［19］江小涓,李辉.服务业与中国经济:相关性和加快增长的潜力[J].经济研究,2004(1).

［20］任保平.经济增长质量:理论阐释、基本命题与伦理原则[J].学术月刊,2012(2).

［21］任保平.中国经济从高速增长转向高质量发展:理论阐释与实践取向[J].学术月刊,2018(3).

［22］任保平,李禹墨.新时代我国高质量发展评判体系的构建及其转型路径[J].陕西师范大学学报(哲学社会科学版),2018(3).

［23］申纪云.激活产学研结合的问题与对策研究[J].中国高等教育,2010(2).

［24］申广军.比较优势与僵尸企业:基于新结构经济学视角的研究[J].管理世界(月刊),2016(12).

［25］申宇,黄昊,赵玲.地方政府"创新崇拜"与企业专利泡沫[J].科研管理,2018(4).

［26］师博,任保平.中国省际经济高质量发展的测度与分析[J].经济

问题，2018（4）．

［27］施炳展，王有鑫，李坤望．中国出口产品品质测度及其决定因素[J].世界经济，2013（9）．

［28］宋则，常东亮，丁宁．流通业影响力与制造业结构调整[J].中国工业经济，2010（8）．

［29］孙健，周浩．我国产业结构低效率因素分析[J].山东社会科学，2003（1）．

［30］谭洪波．中国服务业发展水平及其结构特征分析——基于世界各国和主要经济体的对比研究[J].扬州大学学报（人文社会科学版），2017（6）．

［31］唐保庆，邱斌，孙少勤．中国服务业增长的区域失衡研究——知识产权保护实际强度与最适强度偏离度的视角[J].经济研究，2018（8）．

［32］涂远芬．我国进口商品结构变动及其优化[J].江西社会科学，2011（9）．

［33］王万珺，刘小玄．为什么僵尸企业能够长期存在[J].中国工业经济，2018（10）．

［34］魏浩．中国进口商品技术结构的测算及其国际比较[J].统计研究，2014（12）．

［35］魏浩，赵春明，李晓庆．中国进口商品结构变化的估算：2000—2014年[J].世界经济，2016（4）．

［36］吴延兵．中国工业产业创新水平及影响因素——面板数据的实证分析[J].产业经济评论，2006（2）．

［37］夏万军，张懿佼．中国国民收入分配格局研究[J].财贸研究，2017（12）．

［38］徐瑞慧．高质量发展指标及其影响因素[J].金融发展研究，2018（10）．

［39］袁真富．中国专利竞赛：理性指引与策略调整——我国专利申请

总量突破 300 万的沉思 [J]. 电子知识产权，2006（11）.

［40］张二震. 中国外贸转型：加工贸易、"微笑曲线"及产业选择 [J]. 当代经济研究，2014（7）.

［41］张杰，刘志彪. 需求因素与全球价值链形成——兼论发展中国家的"结构封锁型"障碍与突破 [J]. 财贸研究，2007（6）.

［42］张杰，郑文平. 创新追赶战略抑制了中国专利质量么？[J]. 经济研究，2018（5）.

［43］张旭. "政府和市场的关系"与政府职能转变 [J]. 经济纵横，2014（7）.

［44］张义博，付明卫. 市场化改革对居民收入差距的影响：基于社会阶层视角的分析 [J]. 世界经济，2011（3）.

［45］赵华林. 高质量发展的关键：创新驱动、绿色发展和民生福祉 [J]. 中国环境管理，2018（4）.

［46］赵英才，张纯洪，刘海英. 转轨以来中国经济增长质量的综合评价研究 [J]. 吉林大学社会科学学报，2006（3）.

［47］郑世林，周黎安. 政府专项项目体制与中国企业自主创新 [J]. 数量经济技术经济研究，2015（12）.

［48］周训胜. 高校产学研合作的现状及对策 [J]. 中国高校科技，2012（11）.

［49］周振华. 经济高质量发展的新型结构 [J]. 上海经济研究，2018（9）.

［50］祝树金，奉晓丽. 我国进口贸易技术结构的变迁分析与国际比较：1985—2008[J]. 财贸经济，2011（8）.

后　记

通读研究经济学及社会发展的相关论著总是让人深深感受到其曲折向前的演变历程。因为这既饱含着对人的发展状况的关注，也是对社会各种利益诉求的回应，是对人的尊严、解放与自由执着追求和经济社会和谐的完美统一。关于高质量发展，学界的研究呈现出多元化，表现为不同的研究特色，这充分显示出其具有很强的理论与现实意义。

经济伦理学作为一门学科，首先从20世纪70年代的美国兴起，20世纪80年代以后，在欧洲、日本等国家和地区迅速发展。在中国，经济伦理问题从被关注至今虽然时间不长，但社会主义改革开放的伟大实践为学界的研究提供了丰富的土壤。现如今，经济伦理学已经逐渐成长为一门独立的学科，并且取得了明显的成就。从论文、著作、译著到教材及各类研究课题数以千计；从学者独立、分散的研究到协作攻关，伦理学界、经济学界、管理学界甚至政府官员都从不同的角度对经济运行和经济生活中的伦理问题进行了深入的审视。不仅形成了专门的研究队伍、研究机构、研究基地，而且研究的问题已有相当深度并涉及经济伦理学的方方面面；同时，部分理论研究成果已被企业界所运用，显示了其巨大的应用价值和广阔的发展前景。本书也秉承学科交叉研究的思路，在全面研究东西方经济伦理理论的基础上，提炼出其核心价值，力图较为深入地研究我国高质量发展理论与实践，形成相应结论。相信这些理论研究成果会对中国特色社会主义市场经济的理论和实践提出一些参考性和建设性意见。

作为高校研究经济领域的理论工作者，我在教学科研工作中，力求全面完整地解读经济学的相关理论和实践，不断提高自己的理论水平，在教学工作中更好地帮助学生提高对各种错误思潮的辨别和批判力。正是受这种责任的影响，我多年来对经济学理论和实践做了一些历史及具体理论的总结，本书正是在以往研究成果的基础上所进行的一些尚显浅薄的思考。在本书的写作过程中，南开大学经济学院、天津科技大学马克思主义学院、经济日报出版社的编辑老师等很多专家、学者都提出了许多中肯且务实的宝贵意见。在此一并表示衷心感谢！与此同时，在本书写作过程中，我还参考了学术界的大量研究成果并在书末择要列出，谨向各位专家、学者表示诚挚的谢意！

　　由于作者水平有限，对一些问题的把握、理解以及分析等存在诸多不足，在许多问题的研究上有待进一步深入和完善，恳请各位同行提出宝贵意见。

牛文浩
2024 年 1 月于津沽